高等职业教育"十三五"规划教材

计算机应用基础案例教程
（第二版）

主　编　郑　路

副主编　崔　翔　余伟俊　陈　霄　卢雪玲

U0316860

中国铁道出版社有限公司
CHINA RAILWAY PUBLISHING HOUSE CO., LTD.

内 容 简 介

本书依据目前高职教育的现状，充分考虑了体育类高职院校学生的特点，并结合一线教师计算机课程改革的成果而编写。本书共 6 章，包括计算机入门、Windows 7 操作系统、文字处理软件 Word 2010、电子表格处理软件 Excel 2010、演示文稿制作软件 PowerPoint 2010 及 Internet 的基本应用。

书中共设计了 31 个工作任务，采用任务驱动的教学方法，真正体现以"学生为主体，以教师为主导"的新型教学理念。每个工作任务由任务情境、任务分解和任务实施三部分组成。将知识点巧妙地融合在实际工作任务之中，引导学生在真实的任务情境中探索解决问题的方法和思路，在完成任务的过程中掌握相关的知识和技能，从而有效地提高学生解决实际问题的能力。

本书内容丰富，结构新颖，适合作为高职类院校计算机基础课教材，也可以作为计算机入门者自学的参考书。

图书在版编目（CIP）数据

计算机应用基础案例教程 / 郑路主编. —2 版.
—北京：中国铁道出版社，2015.8（2020.6 重印）
高等职业教育"十三五"规划教材
ISBN 978-7-113-20794-6

Ⅰ．①计…　Ⅱ．①郑…　Ⅲ．①计算机应用－高等职业
教育－教材　Ⅳ．①TP39

中国版本图书馆 CIP 数据核字（2015）第 181402 号

书　　名：计算机应用基础案例教程（第二版）
作　　者：郑　路

策　　划：唐　旭　　　　　　　　　　读者热线：(010) 51873090
责任编辑：唐　旭
封面设计：付　巍
封面制作：白　雪
封面校对：冯彩茹
责任印制：樊启鹏

出版发行：中国铁道出版社有限公司（100054，北京市西城区右安门西街 8 号）
网　　址：http://www.tdpress.com/51eds/
印　　刷：三河市宏盛印务有限公司
版　　次：2013 年 8 月第 1 版　　　2015 年 8 月第 2 版　　　2020 年 6 月第 5 次印刷
开　　本：787 mm×1 092 mm　　1/16　　印张：16.5　　字数：400 千
书　　号：ISBN 978-7-113-20794-6
定　　价：35.00 元

前言（第二版）

随着计算机科学技术的飞速发展和计算机应用的普及，国内高校的计算机基础教育已迈上了新的台阶，步入了一个新的发展阶段，各专业对学生的计算机应用能力也提出了更高的要求。作为非计算机专业的公共必修课程，计算机基础课最重要的任务是培养学生管理和应用计算机的能力，这也是我们编写本书的宗旨，即使读者全面、系统地了解计算机基础知识的同时，具备计算机实际应用的能力。

计算机基础课程的学习有着极强的实践性。通过实际上机演练，一方面加深对计算机基础知识的理解；另一方面，在掌握计算机基本操作的过程中，也锻炼了动手实践的本领。为了突出计算机基础应用的实践性，改变以往同类教材中根据理论知识组织教学的模式，特编写这本具有"情景模拟、任务驱动"特色的教材。本书结合等级考试，将计算机基础知识点总结提炼成多个具体任务，在完成每一个任务的过程中，提高解决实际问题的能力。

本书在第一版的基础上进行了升级和完善，全书分为 6 章，第 1 章介绍了计算机的基础知识和基本概念、计算机的硬件组成、信息在计算机中的表示形式和编码；第 2 章介绍了操作系统基础知识以及 Windows 7 操作系统的安装、配置和使用；第 3 ~ 5 章介绍了办公自动化基本知识，以及办公自动化软件 Office 2010 中文字处理软件、电子表格处理软件和演示文稿制作软件的使用；第 6 章介绍了计算机网络基础知识、Internet 基础知识与应用等。

本书具有如下特色：

1. 较强的实用性

本书根据高职院校，尤其是体育类高职院校的实际需求精选任务，由浅入深，循序渐进，这些任务的选取基本上都是针对在校期间和今后工作时具有典型代表性的实际需求，能够激发读者的学习兴趣。

2. 强调应用能力培养

以任务为主线，构建真实的工作情景，让学生每完成一个任务，就可以立即应用到实际中，并具备触类旁通地解决实际工作中所遇到的问题的能力。

3. 融知识点于任务中

每一个任务分别从任务情境、任务分解、任务实施几个方面来展开，能够引导学生掌握一种解决问题的思路和方法，同时在完成任务的过程中轻松地掌握了相对应的知识和技能。

本书由郑路总策划并任主编，崔翔、余伟俊、陈霄、卢雪玲任副主编。各章编写分工如下：第1章、第3章由郑路编写，第2章由陈霄编写，第4章由崔翔编写，第5章由余伟俊编写，第6章由郑路和卢雪玲编写。

参与本书编写的作者是多年从事一线教学的教师，具有较为丰富的教学经验。在编写时注重理论与实践紧密结合，注重实用性和可操作性；案例的选取上注意从读者日常学习和工作的需要出发；文字叙述上深入浅出，通俗易懂。本书在编写过程中得到了广州体育职业技术学院和广东体育职业技术学院的大力支持与帮助，也得到了教育界同行的指导和关心。由于本教材的知识面较广，要将众多的知识很好地贯穿起来，难度较大，不足之处在所难免。为便于以后教材的修订，恳请专家、教师及读者多提宝贵意见。

编　者

2015 年 6 月

目　　录

第 1 章　计算机入门

任务 1　走进计算机世界

任务情境

目前，人类社会已迈进入了网络时代，计算机和互联网也与老百姓的日常工作、学习和生活息息相关。在计算机技术、网络通信技术高速发展的今天，计算机和网络正在以惊人的速度进入人类社会的各个角落。现在连十几岁的孩子都知道利用计算机可以看动画、玩游戏、聊天……可以说，计算机是人类历史上一次神奇的发明。这次任务，我们就来走进计算机的世界，认识一下影响和改变着我们工作、学习和生活的计算机。

任务分解

（1）了解计算机可以做什么；
（2）了解计算机的特点；
（3）认识计算机的发展历程；
（4）认识未来计算机的发展趋势。

任务实施

1. 了解计算机可以做什么

20 世纪人类最杰出、最伟大的科技发明之一，就是计算机。计算机的诞生，为人类科技史揭开了崭新的一页，对人类社会的发展产生了巨大的影响，标志着人类进入了史无前例的信息时代。

计算机问世以来的短短几十年间，人类社会迅速由产业社会向信息社会过渡。伴随着计算机硬件和软件技术的发展，尤其近 20 年来网络技术和 Internet 技术的迅速发展，计算机的应用范围从科学计算、数据处理等传统领域扩展到办公自动化、多媒体、电子商务、远程教育等领域。

1）数值计算

早期的计算机主要用于科学计算。目前，科学计算仍然是计算机应用的一个重要领域。它用于解决科学研究和工程技术中提出的数学计算问题。利用计算机的高速度、高精度和存储容量大等特点，可以解决各种现代科学技术中计算量大、公式复杂、步骤烦琐的计算问题。如果不用计算机，这些问题是很难解决的，甚至根本无法完成。例如，在生物学领域，20 世纪科研重大成果之一的核糖核酸、脱氧核糖核酸和蛋白质的组成和空间结构，就是采用计算机对其晶体结构进行大量分析、计算而获得的。此外，数值计算还应用于人造卫星、导弹发射及天气预报等计算问题。

2）信息处理

信息处理是目前计算机应用最广泛的一个领域。由于计算机的海量存储，可以把大量的数据输入计算机中进行存储、加工、计算、分类和整理，因此它广泛用于工农业生产计划的制定、科技资料的管理、财务管理、人事档案管理、火车调度管理、飞机订票等。当前我国服务于信息处理的计算机约占整个计算机应用的 60%，而有些国家则达到 80% 以上。

目前，国内银行已采用计算机记账、算账，把成千上万的出纳、会计、审核员从烦琐、枯燥的计算中解脱出来。如我国一些银行发行的"牡丹卡""长城卡"等信用卡片，顾客到全国各地指定商店购物不必带现金，只要将卡片送入商店计算机的一个终端设备中，即可验明卡片的真伪，查出存款数目，在自动减去货款后，将卡片退还顾客，整个操作可在数分钟内完成。

3）过程控制

过程控制又称实时控制或自动控制。它是指计算机对被控制对象实时地进行数据采集、检测和处理，按最佳状态来控制或调节被控对象的一种方式。由于微机具有体积小、成本低和可靠性高的特点，在过程控制中得到了广泛应用。生产过程的计算机控制，不仅可以大大提高生产率，减轻人们的劳动强度，更重要的是可提高控制精度，提高产品质量和合格率。例如，对卫星、导弹、火炮等的发射过程的实时控制；对一台机床，一个生产车间以至整个工厂的控制；对海上、陆地、航空交通工具的运行过程的控制等。用计算机控制发电，对锅炉水位、温度、压力等参数进行优化控制，可使锅炉内燃料充分燃烧，提高发电效率。同时计算机可完成超限报警，使锅炉安全运行。计算机的过程控制已广泛应用于大型电站、火箭发射、雷达跟踪、炼钢等各个方面。

4）计算机辅助技术

计算机辅助技术是通过计算机来帮助人们完成特定任务的技术，它以提高工作效率和工作质量为目标。

计算机辅助设计（Computer Aided Design，CAD）是使用计算机来帮助设计人员进行设计的一门技术。使用 CAD 技术可以提高设计质量，缩短设计周期，提高设计自动化水平。CAD 技术已广泛应用于船舶设计、飞机制造、建筑工程设计、大规模集成电路设计、机械设计等行业。目前，CAD 的应用水平已成为一个国家现代化水平高低的重要标志。

计算机辅助制造（Computer Aided Manufacturing，CAM）是利用计算机进行生产设备的管理、控制和操作的过程。如工厂在制造产品的过程中，用计算机来控制机器的运行，处理制造中所需的数据，控制和处理材料的流动以及对产品进行测试和检验等。采用 CAM 技术能提高产品质量，降低生产成本，改善工作条件和缩短产品的生产周期。

计算机辅助教学（Computer Aided Instruction，CAI）是指利用计算机来支持教学和学习。教师利用 CAI 系统可进行课堂教学、指导学生的学习等工作，学生可以通过 CAI 系统采用人机对话的方式学习有关课程内容并回答计算机给出的问题。

5）人工智能

人工智能（Artificial Intelligence，AI）是指用计算机来模拟人的智能，使其像人一样具备识别语言、文字、图形和推理、学习及自适应环境的能力。人工智能系统主要包括专家系统、机器人系统、语音识别和模式识别系统等。这是近年来开辟的计算机应用的新领域。

目前，世界上已研制出各种各样的智能机器人。如能在钢琴上演奏简单乐曲的机器人；能带领盲人走路的机器人；能听懂人的简单命令并按命令执行的机器人等。从它们的工作效能看，人工智能的前景是十分诱人的。

6）网络应用

计算机网络利用通信线路，按照通信协议，将分布在不同地点的计算机互联起来，使其相互通信，实现网上资源共享。计算机网络技术的发展，将形成一个支撑社会发展，改善生活品质的全新系统。全球网络化对当今社会政治、经济、科技、教育和文化产生了深远的影响，改变着人们的生活方式、工作方式和思维方法。

目前，基于 Internet 的应用不可胜数。例如，信息检索、电子商务、电子政务、网络教育、办公自动化、金融服务、远程会议、远程医疗、网络游戏、视频点播、网络寻呼等。

Internet 是一个资源宝库，保存有许多共享软件、学术文献、影像资料、图片与动画等，人们可以通过 Internet 去搜索所需要的信息资源。例如，Internet 上有许多提供搜索引擎的站点，搜索引擎可依据用户输入的查找要求进行自动搜索，并将找到的有关内容进行分类与索引。利用搜索引擎可以搜索所需的网站，也可以搜索所需的网页，甚至可以搜索出特定文字的网页。常见的搜索引擎网站有 http://www.baidu.com、http://www.google.com.hk、www.yahoo.com 等。

电子商务（Electronic Commerce，EC）的含义是任何一个组织机构可利用 Internet 来改变他们与客户、供应商、业务伙伴和内部员工的交流，也可以认为是消费者、销售者和结算部门之间利用 Internet 完成商品采购和支付收款的过程。目前，电子商务正在世界各国蓬勃发展。

基于 Internet 教育网络的建立，学生学习可以不受时间、地点的限制，通过网络伸展到全世界，建立真正意义上的开放式的虚拟学校，每个学生可以在任意时间、任意地点通过网络自由学习。这种基于网上的教育模式，将实现教育的重大革新，满足 21 世纪人才培养的需求。

办公自动化（Office Automation，OA）是利用计算机及自动化的办公设备来替代传统的办公设施及办公人员的劳动，从而提高了办公的质量和效率。一个完整的办公自动化系统包括文秘、财务、人事、资料、后勤等各项管理工作。

远程医疗（Telemedicine）又称远程医学，是指在计算机网络环境下开展的异地远程医疗活动。在 Internet 环境下，在医疗管理信息系统的基础上，远程医疗可以异地开展远程医疗咨询与诊断、远程专家会诊、在线检查、远程手术指导、医疗信息服务、远程教学和培训等活动，甚至建立一家基于网络环境的虚拟医院。远程医疗可以使城市、农村或偏远山区的每一个人都能享受到及时、良好的医疗服务。

2．了解计算机的特点

1）自动地运行程序

计算机能在程序控制下自动连续地高速运算。由于采用存储程序控制的方式，因此一旦输入编制好的程序，启动计算机后，就能自动地执行下去直至完成任务。这是计算机最突出的特点。

2）运算速度快

计算机能以极快的速度进行计算。现在微型计算机的速度一般为每秒几十亿至几千亿次运算，而大型机、巨型机可达每秒千万亿次。随着计算机技术的发展，计算机的运算速度还在提高。例如天气预报，由于需要分析大量的气象资料数据，单靠手工完成计算是不可能的，而用巨型计算机只需十几分钟就可以完成。

3）运算精度高

电子计算机具有以往计算机无法比拟的计算精度，目前已达到小数点后上亿位的精度。

4）具有记忆和逻辑判断能力

人是有思维能力的。而思维能力本质上是一种逻辑判断能力。计算机借助于逻辑运算，可以进行逻辑判断，并根据判断结果自动地确定下一步该做什么。计算机的存储系统由内存和外存组成，具有存储和"记忆"大量信息的能力，现代计算机的内存容量已达到几吉字节，甚至更大，而外存也有惊人的容量。如今的计算机不仅具有运算能力，还具有逻辑判断能力，可以使用其进行诸如资料分类、情报检索等具有逻辑加工性质的工作。

5）可靠性高

随着微电子技术和计算机技术的发展，现代电子计算机连续无故障运行时间可达到几十万小时以上，具有极高的可靠性。例如，安装在宇宙飞船上的计算机可以连续几年时间可靠地运行。计算机应用在管理中也具有很高的可靠性，而人却很容易因疲劳而出错。另外，计算机对于不同的问题，只是执行的程序不同，因而具有很强的稳定性和通用性。用同一台计算机能解决各种问题，可应用于不同的领域。

微型计算机除了具有上述特点外，还具有体积小、重量轻、耗电少、维护方便、可靠性高、易操作、功能强、使用灵活、价格便宜等特点。计算机还能代替人做许多复杂繁重的工作。

3. 认识计算机的发展历程

1946 年，世界上第一台电子计算机在美国宾夕法尼亚大学莫尔电工学院诞生，取名为"电子数字积分计算机（Electronic Numerical Integrator And Computer）"，简称 ENIAC。这标志着人类另一新纪元的开始。

几十年来，电子计算机经历了几次重大的技术革命，得到了突飞猛进的发展。通常按照电子计算机采用的电子器件来进行划分，将电子计算机的发展分为 4 个阶段，如表 1-1 所示。

表 1-1　电子计算机的 4 个发展阶段

发展阶段	起止年份	主要电子元件	应 用 范 围
第一代	1946—1957	电子管	科学计算
第二代	1958—1964	晶体管	科学计算，数据处理，事务管理
第三代	1965—1970	中小规模集成电路	实现系列化、标准化，广泛应用于各领域
第四代	1970年以后	大规模、超大规模集成电路	微型机和计算机网络应用，更加普及深入到社会生活的各个方面

1）第一代电子计算机

第一代计算机（1946—1957）。它采用磁鼓作存储器。磁鼓是一种高速运转的鼓形圆筒，表面涂有磁性材料，根据每一点的磁化方向来确定该点的信息。由于采用电子管，所以它们体积大、耗电多、运算速度较低、故障率较高而且价格极贵，使用也不方便，为解决一个问题所编制的程序其复杂程度难以表述。这一代计算机主要用于科学计算，只在重要部门或科学研究部门使用。图 1-1 所示为最早的计算机。

2）第二代电子计算机

第二代计算机（1958—1964）。它们全部采用晶体管作为电子器件，其运算速度比第一代计算机的速度提高了近百倍,体积为原来的几十分之一。在软件方面开始使用计算机算法语言。这一代计算机不仅用于科学计算,还用于数据处理和事务处理及工业控制。图 1-2 和图 1-3 所示为该时代的计算机。

图 1-1　最早的计算机

图 1-2　1964 年 IBM360 系统

图 1-3　晶体管计算机

3)第三代电子计算机

20 世纪 60 年代初期,美国的基尔比和诺伊斯发明了集成电路,引发了电路设计革命。随后,集成电路的集成度以每 3～4 年提高一个数量级的速度增长。第三代计算机是从 1965 年至 1970 年。这一时期的主要特征是以中、小规模集成电路为电子器件,并且出现操作系统,使计算机的功能越来越强,应用范围越来越广。它们不仅用于科学计算,还用于文字处理、企业管理、自动控制等领域,出现了计算机技术与通信技术相结合的信息管理系统,可用于生产管理、交通管理、情报检索等领域。

4)第四代电子计算机

第四代计算机是指从 1970 年以后采用大规模集成电路(Large Scale Integration,LSI)和超大规模集成电路(Very Large Scale Integration,VLSI)为主要电子器件制成的计算机。例如 80386 微处理器,在约为 10 mm×10 mm 的单个芯片上,可以集成大约 32 万个晶体管。第四代计算机的另一个重要分支是以大规模、超大规模集成电路为基础发展起来的微处理器和微型计算机。图 1-4 所示为第四代计算机。

5)第五代计算机

第五代计算机将把信息采集、存储、处理、通信和人工智能结合在一起具有形式推理、联想、学习和解释能力。1981 年,日本东京召开了一次第五代计算机——智能计算机研讨会,随后制定出研制第五代计算机的长期计划。第五代计算机的系统设计中考虑了编制知识库管理软件和推理机，机器本身能根据存储的知识进行判断和推理。同时，多媒体技术得到广泛应用，使人们能用语音、图像、视频等更自然的方式与计算机进行信息交互。智能计算机的主要特征是具备人工智能，能像人一样思维，并且运算速度极快，其硬件系统支持高度并行和快速推理，其软件系统能够处理知识信息。神经网络计算机（又称神经计算机）是智能计算机的重要代表。

图 1-4　第四代计算机

6）第六代生物计算机

半导体硅晶片的电路密集，散热问题难以彻底解决，大大影响了计算机性能的进一步发挥与突破。研究人员发现，遗传基因——脱氧核糖核酸（Deoxyribonucleic Acid，DNA）的双螺旋结构能容纳巨量信息，其存储量相当于半导体芯片的数百万倍。一个蛋白质分子就是一个存储体，而且阻抗低、能耗少、发热量极小。基于此，利用蛋白质分子制造出基因芯片，研制生物计算机（又称分子计算机、基因计算机），已成为当今计算机技术的最前沿。生物计算机是比硅晶片计算机在速度、性能极具发展潜力的"第六代计算机"。

4．认识未来计算机的发展趋势

1）高性能计算

速度是计算机的第一指标，人类制造计算机的初衷就是追求计算速度，速度是计算机发展 60多年来始终不渝的追求。尽管与第一台计算机相比，计算机的速度已经有了巨大的飞跃，但速度依然是计算机发展追求的最重要的目标之一。

发展高速度、大容量、功能强大的超级计算机，对于进行科学研究、保卫国家安全、提高经济竞争力具有非常重要的意义。诸如气象预报、航天工程、石油勘测、人类遗传基因检测等现代科学技术，以及开发先进的武器、军事作战的谋划和执行、图像处理及密码破译等，都离不开高性能计算机。研制超级计算机的技术水平体现了一个国家的综合国力，因此，超级计算机的研制是各国在高技术领域竞争的热点。

实现这种以速度为核心的高性能计算的途径包括两个方面，一方面是提高单一处理器的计算性能；另一方面是把这些处理器集成，由多个中央处理器（Central Processing Unit，CPU）构成一个计算机系统，进行并行计算。目前世界上顶级的高性能计算机都有成百上千，甚至上万个 CPU，这些处理器协同计算，才提供了我们需要的速度。

2013 年 6 月，由国防科大研制的天河二号超级计算机系统，以峰值计算速度每秒 5.49 亿亿次、持续计算速度每秒 3.39 亿亿次双精度浮点运算的优异性能位居榜首，成为全球最快超级计算机。2010 年 11 月，天河一号曾以每秒 4.7 千万亿次的峰值速度，首次将五星红旗插上超级计算领域的世界之巅。此次是继天河一号之后，中国超级计算机再次夺冠。

相比之下，美国能源部下属橡树岭国家实验室的"泰坦"从上次第一名降至本次第二名，其运算速度为 17.59 千万亿次。

　　2）服务计算

　　服务属于商业范畴，计算属于技术范畴，服务计算是商业与技术的融合，通俗地讲就是把计算当作一种服务提供给用户。近年来我们常常听到的"云计算"就是这样一种计算形式，把大规模信息技术相关的各种计算资源和计算能力通过 Internet 以服务的方式提供给用户。

　　传统的计算模式通常需要购置必要的计算设备和软件，这种计算往往不会持续太长的时间，或者偶尔为之。不计算时，这些设备和软件就处于闲置状态。算一下世界上该有多少这样的设备和软件，如果能够把所有这些设备和软件集中起来，供需要的用户使用，那只需要支付少许的租金就可以了，一方面用户节省了成本，另一方面设备和软件的利用率达到了最大化。这就是服务计算的理念。

　　2001 年，IBM 开始倡导 Web 服务，把运行在不同工作平台的应用相互交流、整合在一起。2002 年 6 月，一个以 Web 服务计算为名的学术专题研讨分会依托国际互联网计算会议在美国拉斯维加斯举行，首次把网上服务和计算融为一体。2003 年 11 月，在 IEEE 的推动下，把服务的概念进一步拓展，正式确认服务计算诞生。

　　服务计算跨越计算机与信息技术、商业治理、商业咨询服务等领域，应用面向服务架构技术，消除了商业服务与信息支撑技术之间的鸿沟。它整合了一系列最新技术成果，面向服务的体系结构、SOA、Web 服务、网格计算，以及业务流程整合及治理。第一部分解决的是技术平台和架构的问题，第二部分解决的是服务交付的问题，第三部分则是业务本身的整合和治理。

　　软件即服务（SaaS）是服务计算的一个典型例子。传统意义上软件通常是通过购买版权而获得使用权的，在 SaaS 模式中，软件按使用时间付费，而且是通过互联网实现的，甚至可连设备也一并按使用时间付费，计算纯粹就是一种服务。

　　3）普适计算

　　普适计算（Pervasive Computing）这个词是 IBM 在 1999 年发明的，意指在任何时间、任何地点都可以计算，又称无处不在的计算（Ubiquitous Computing），就是说计算无时不在、无处不在。

　　随着计算机网络化、微型化，以及嵌入式技术的发展，普适计算正在逐渐成为现实。现在我们的周围就可以看到普适计算的影子，如自动洗衣机可以按照设定的模式自动完成洗衣工作，智能电饭煲可以在早晨醒来时做好饭，在大街上拿着手机上网，捧着笔记本在机场大厅查收邮件，在家里网上预订酒店、机票等，尽管还没有达到十足的普适计算，但已经体现了普适计算的雏形。

　　未来的普适计算将集移动通信技术、计算技术和嵌入式技术于一体，通过将普适计算设备嵌入到人们生活的各种环境中，将计算从桌面上解脱出来，使用户能以各种灵活的方式享受计算能力和系统资源。那时在我们的周围到处都是计算机，这些计算机将依据不同的计算要求而呈现不同的模样、不同的名称，以至于我们忘记了它们其实就是计算机。中小学生不用再背着沉甸甸的书包去上学了，所有的教材和作业本都装在一个薄薄的笔记本里，做完作业只要按一下键就可以交给老师。数字家庭通过家庭网关将宽带网络接入家庭，在家庭内部，手持设备、PC 或者家用电器通过有线或者无线的方式连接到网络，从而提供了一个无缝、交互和普适计算的环境。人们能在任何地点、任何时间访问社区服务网络，比如在社区里预订一场比赛的门票，电子家庭解决方案通过高级的设备与电器诊断、自动定时、集中和远程控制等功能，令生活更方便舒适。通过远程监控器监控家庭的情况，使生活更安全。

　　4）智能计算

　　1950 年 10 月，图灵发表了又一篇划时代的论文——"机器能思考吗"。他在这篇论文中提出了这样一个观点，我们可以做到让机器像人一样进行思考。1956 年夏天，10 个来自不同领域、不同专业的科学家，在美国达特茅斯大学（Dartmouth）举行了为期两个月的学术研讨会，会议主要探讨的就是图灵当年提出的这个问题。作为这次会议的主要成果，一个新的学科领域——人工智能宣告诞生。

人工智能的主要内容是研究如何让计算机去做过去只有人才能做的智能工作，核心目标是赋予计算机智能，人脑一样的智能。

半个多世纪来，在人工智能领域取得了一些进展。典型的例子就是模式识别，指纹识别技术已经得到广泛应用。在机器翻译方面也取得了一些进展，计算机辅助翻译极大提高了翻译效率。在输入方面，手写输入技术已经在手机上得到应用，语音输入还在完善中。

1997 年，IBM 的"深蓝"以 3.5:2.5 的比分战胜了卡斯帕罗夫，完成了一次耗资巨大的图灵测试。2003 年"小深"替换上场，以 3:3 的比分与卡斯帕罗夫"握手言和"。人们不由得问：机器真的不会思考吗？甚至有些人开始对思考的内涵有了思考：究竟什么是思考。

但所有这些还不能称得上是真正的智能计算，就像深蓝的获胜是靠计算机超强的计算能力实现的。未来的目标是实现人机交互，让计算机能够听懂我们的话，看懂我们的表情，能够进行思维。

5）生物计算

生物计算包含两个方面：一方面，晶体管的密度已经接近当前所用技术的极限，要继续提高计算机的性能，就要寻找新的计算机结构，生物计算机成为一种选择。另一方面，随着分子生物学的突飞猛进，它已经成为资料量最大的一门学问，借助计算机进行分子生物信息研究，可以通过数量分析的途径获取突破性的成果。

20 世纪 70 年代，人们发现 DNA 处在不同的状态下，可产生有信息和无信息的变化，这个发现引发了人们对生物元件的研究和开发。目前，在生物传感器的研制方面已取得不少实际成果。如果真的能实现生物计算机，生物芯片的特性将使计算机进入一个新的时代。

生物计算更重要的方面是利用计算机进行基因组研究，运用大规模高效的理论和数值计算，归纳、整理基因组的信息和特征，模拟生命体内的信息流过程，进而揭示代谢、发育、分化、进化的规律，探究人类健康和疾病的根源，并进一步转化为医学领域的进步，从而为人类的健康服务。

目前这方面的研究包括以下一些内容，基因组序列分析、基因组注释、生物多样性数据库并不仅是以结构预测、蛋白质表达分析、比较基因组学、基因表达分析、生物系统模拟等在药物研发方面的应用。

任务 2　学习计算机中信息的表示方法

任务情境

计算机要处理的信息是多种多样的，如日常的十进制数、文字、符号、图形、图像和语言等。但是计算机无法直接"理解"这些信息，为了快速高效地理解这些信息，计算机中的数字和符号都是用电子元件的不同状态表示的，即以电信号表示。电信号只有两种，即"0"和"1"。所以计算机内部的信息都是以这两个状态的组合存储的，即二进制数。本任务就来了解计算机中信息的表示方法。

任务分解

（1）认识二进制数；
（2）掌握数制之间的转换；
（3）认识计算机中的信息单位；
（4）认识符号数据的编码方式。

任务实施

1. 认识二进制数

1）进制

计数的方法有很多种，在日常生活中最常见的是国际上通用的计数方法——十进制计数法。但是除了十进制外还有其他计数制，如一天 24 小时，称为 24 进制，一小时 60 分钟，称为 60 进制，这些称为进位计数制。计算机中使用的是二进制。

为什么计算机中的数制不用我们熟悉的十进制表示，而是用二进制来表示？这是因为"数"在计算机中是通过电子器件的物理状态表示的。二进制数只需要两个数字符号 0 或 1，就能表示两种不同的状态——低电平和高电平，其运算电路容易实现。而要制造出具有 10 种稳定状态的电子器件分别代表十进制中的 10 个数字符号是十分困难的。

2）二进制的表示

二进制和十进制采用的都是"带权计数法"，它包含两个基本要素：基数、位权。基数是一种进位计数制所使用的数码状态的个数。如十进制有十个数码：0、1、2……7、8、9，因此基数为 10。二进制有两个数码：0 和 1，因此基数为 2。

"位权"表示一个数码所在的位。数码所在的位不同，代表数的大小也不同。如十进制从右面起第一位是个位，第二位是十位，第三位是百位，……"个（10^0）、十（10^1）、百（10^2）、千（10^3）……"就是十进制位的"位权"。每一位数码与该位"位权"的乘积表示该位数值的大小。如十进制中 9 在个位上代表 9，在十位上代表 90。

一个长度为 n 的二进制数 $a^{n-1}\cdots a^1 a^0$，用科学计数法表示为：

$$a^{n-1}\cdots a^1 a^0 = a^{n-1} \times 2^{n-1} + \cdots + a^1 \times 2^1 + a^0 \times 2^0$$

例如，二进制数 10101 用科学计数法表示：

$$10101 = 1 \times 2^4 + 0 \times 2^3 + 1 \times 2^2 + 0 \times 2^1 + 1 \times 2^0$$

3）计算机中常用的进位计数制

在计算机世界中除了二进制外，还涉及八进制、十进制和十六进制。表 1-2 所示为进位计数制的表示。

表 1-2　几个进位计数制的表示

进位计数制	基数	基 本 符 号	权	形式表示
二进制	2	0，1	2^1	B
八进制	8	0，1，2，3，4，5，6，7	8^1	O
十进制	10	0，1，2，3，4，5，6，7，8，9	10^1	D
十六进制	16	0，1，2，3，4，5，6，7，8，9 A，B，C，D，E，F	16^1	H

2．掌握数制之间的转换

下面了解一下这几种进制之间的转换。

1）十进制整数转换成 R 进制整数（R 表示八、十、十六等）

分两种情况进行：整数部分和小数部分。

整数：除 R 取余，逆序排列

小数：乘 R 取整，顺序排列

例：$(241.43)_{10}=(11110001.0110)_2$

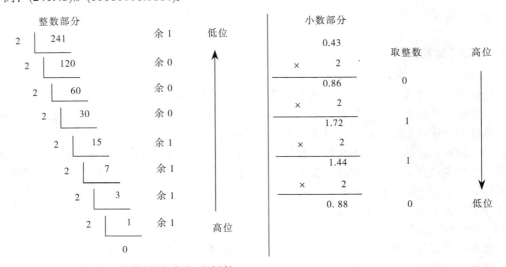

2）二、八、十六进制数转换成十进制数

方法：按权展开求和。

例如：

$(11010110)_2= 1 \times 2^7 + 1 \times 2^6 + 0 \times 2^5 + 1 \times 2^4 + 0 \times 2^3 + 1 \times 2^2 + 1 \times 2^1 + 0 \times 2^0 = (214)_{10}$

$(2365)_8 = 2 \times 8^3 + 3 \times 8^2 + 6 \times 8^1 + 5 \times 8^0 = (1269)_{10}$

$(4BF)_{16}=4 \times 16^2 + 11 \times 16^1 + 15 \times 16^0 = (1215)_{10}$

3）八进制数和十六进制数转换成二进制数（见表 1-3）

表 1-3　八进制与二进制、十六进制之间的关系

八进位制	对应二进制数	十六进制数	对应二进制数	十六进制数	对应二进制数
0	000	0	0000	8	1000
1	001	1	0001	9	1001
2	010	2	0010	A	1010
3	011	3	0011	B	1011
4	100	4	0100	C	1100
5	101	5	0101	D	1101
6	110	6	0110	E	1110
7	111	7	0111	F	1111

方法：将八进制数（或十六进制数）的每一位用相应的 3 位（或 4 位）二进制数代替即可。

例：将八进制数(357.162)₈转换成二进制数。

	3	5	7	·	1	6	2
	↓	↓	↓		↓	↓	↓
	011	101	111	·	001	110	010

即(357.162)₈ = (11101111.00111001)₂

例：将十六进制数(5AB.8CE)₁₆转换成二进制数。

	5	A	B	·	8	C	E
	↓	↓	↓		↓	↓	↓
	0101	1010	1011	·	1000	1100	1110

即(5AB.8CE)₁₆ = (10110101011.10001100111)₂

4）二进制数转换成八进制数和十六进制数

分整数部分和小数部分分别转换。

整数部分：从低位向高位每 3/4 位合成一组，高位不足 3/4 位用 0 补足 3/4 位，然后每组转换。

小数部分：从高位向低位每 3/4 位合成一组，低位不足 3/4 位用 0 补足 3/4 位，然后每组转换。

例：将二进制数(11011110.10110001)₂转换成八进制数。

	011	011	110	·	101	100	010
	↓	↓	↓		↓	↓	↓
	3	3	6	·	5	4	2

即(11011110.10110001)₂ = (336.542)₈

例：将二进制数(1100101001011.001100101)₂转换成十六进制数。

	0001	1001	0100	1011	·	0011	0010	1000
	↓	↓	↓	↓		↓	↓	↓
	1	9	4	B	·	3	2	8

即(1100101001011.001100101)₂ = (194B.328)₁₆

3．认识计算机中的信息单位

1）位（bit）

位是度量数据的最小单位，在数字电路和计算机技术中采用二进制，代码只有 0 和 1，无论 0 还是 1，在 CPU 中都是 1 位。

2）字节（B）

一个字节由八位二进制数组成（1 B=8 bit）。字节是信息组织和存储的基本单元，也是计算机体系结构的基本单元。

早期的计算机并无字节的概念，20 世纪 50 年代中期，随着计算机逐渐从单纯用于科学计算扩展到数据处理领域，为了在体系结构上兼顾表示"数"和"字符"，就出现了"字节"。

为了便于衡量存储器的大小，统一以字节（B）为单位。常用的存储单元大小表示为：

$$1 \text{ KB}=1\ 024 \text{ B}$$

$$1 \text{ MB}=1\ 024 \text{ KB}$$

$$1 \text{ GB}=1\ 024 \text{ MB}$$

$$1 \text{ TB}=1\ 024 \text{ GB}$$

4．认识符号数据的编码方式

计算机中的数据是广义的，除了数值数据信息之外，还有文字、数字、标点符号、各种功能控制符等符号数据（数字符号只表示符号本身，不表示数值的大小），符号数据又称非数值数据。下面简要介绍字符数据和汉字的编码方式。

1）西文字符编码

计算机中常用的字符编码有 EBCDIC 码和 ASCII 码。IBM 系列大型机采用 EBCDIC 码，微型机采用 ASCII 码是美国标准信息交换码，被国际化组织指定为国际标准。它有 7 位码和 8 位码两种版本。国际的 7 位 ASCII 码是用 7 位二进制数表示一个字符的编码，其编码范围从 0000000B～1111111B，共有 2^7=128 个不同的编码值，相应地可以表示 128 个不同的编码。

新版本的 ASCII-8 采用 8 位二进制编码表示，可表示 256 个字符。最高位为 0 的 ASCII 码称为标准 ASCII 码；最高位为 1 的 128 个 ASCII 码称为扩充 ASCII 码。

数字 0～9 的 ASCII 码为 48～97；大写字母 A～Z 的 ASCII 码为 65～90；小写字母 a～z 的 ASCII 码为 97～112。小写英文字母的 ASCII 码值比对应的大写字母的 ASCII 码值大 32。在 ASCII 码表中，基本是按数字、大写英文字母、小写英文字母的顺序排列的，排在后面的码值比排在前面的大。表 1-4 所示为 7 位 ASCII 码表。

表 1-4　7 位 ASCII 码表

$b_3b_2b_1b_0$ ＼ $b_6b_5b_4$	000	001	010	011	100	101	110	111
0000	NUL	DLE	SP	0	@	P	`	P
0001	SOH	DC1	!	1	A	Q	a	q
0010	STX	DC2	"	2	B	R	b	r
0011	ETX	DC3	#	3	C	S	c	s
0100	EOT	DC4	$	4	D	T	d	t
0101	ENQ	NAK	%	5	E	U	e	u
0110	ACK	SYN	&	6	F	V	f	v
0111	BEL	ETB	,	7	G	W	g	w
1000	BS	CAN	(	8	H	X	h	x
1001	HT	EM	)	9	I	Y	i	y
1010	LF	SUB	*	:	J	Z	j	z
1011	VT	ESC	+	;	K	[	k	{
1100	FF	FS	,	<	L	\	l	|
1101	CR	GS	-	=	M	]	m	}
1110	SO	RS	.	>	N	^	n	~
1111	SI	US	/	?	O	_	o	DEL

2）中文字符编码

（1）汉字信息的交换码（国标码）。GB2312 又称 GB 2312—1980 字符集，全称为《信息交换用汉字编码字符集　基本集》，由国家标准总局发布，1981 年 10 月 1 日开始实施。

　　汉字信息交换码简称交换码，又称国标码。规定了 7 445 个字符编码，其中有 682 个非汉字图形符和 6 763 个汉字的代码。有一级常用字 3 755 个，二级常用字 3 008 个。

　　两个字节存储一个国标码。区位码和国标码之间的转换方法是将一个汉字的十进制区号和十进制位号分别转换成十六进制数，然后再分别加上 20H，就成为此汉字的国标码：

汉字国标码=[区号（十六进制数）+20H][位号（十六进制数）+ 20H]

　　（2）汉字输入码。又称外码，都是由键盘上的字符和数字组成的。目前流行的编码方案有全拼输入法、双拼输入法、自然码输入法和五笔输入法等。

　　（3）汉字内码。汉字内码是在计算机内部对汉字进行存储、处理的汉字代码，它应能满足存储、处理和传输的要求。一个汉字输入计算机后就转换为内码。内码需要两个字节存储，每个字节以最高位置"1"作为内码的标识。

汉字机内码＝汉字国标码＋8080H

　　（4）汉字字形码。又称字模或汉字输出码。在计算机中，8 个二进制位组成一个字节，它是度量空间的基本单位，可见一个 16×16 点阵的字形码需要 16×16/8=32 字节存储空间。

　　（5）汉字地址码。是指汉字库中存储汉字字形信息的逻辑地址码。它与汉字内码有着简单的对应关系，以简化内码到地址码的转换。

　　3）汉字的处理过程

　　从汉字编码的角度看，计算机对汉字信息的处理过程实际上就是各种汉字编码间的转换过程。这些编码主要包括：汉字输入码、汉字内码、汉字地址码、汉字字形码等。汉字信息处理的流程如图 1-5 所示。

图 1-5　汉字信息处理流程

任务 3　认识计算机系统

任务情境

　　我们已经对计算机有了宏观的认识，要想熟练地运用计算机进行工作、学习和娱乐，还需要近距离地来观察计算机的系统组成，了解它的工作原理，并使用计算机。本任务就带领大家一起来认识计算机系统。

任务分解

　　（1）学习计算机的系统组成；
　　（2）学习计算机的硬件系统；
　　（3）学习计算机的软件系统；
　　（4）学习计算机语言。

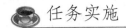 **任务实施**

1．学习计算机的系统组成

一个完整的计算机系统包括硬件系统和软件系统两大部分。

计算机硬件系统是指构成计算机的所有实体部件的集合，通常这些部件由电路（电子元件）、机械等物理部件组成，如键盘、显示器、主板等。直观来看，计算机硬件是一大堆设备，它们都是看得见摸得着的，是计算机进行工作的物质基础，也是计算机软件发挥作用、施展其技能的舞台。

计算机软件系统是指那些能在硬件设备上运行的各种程序、数据和有关的技术资料，如Windows系统、数据库管理系统等，如果说硬件系统是计算机的"躯干"，软件系统则是建立在这个"躯干"上的"灵魂"。

通常，人们把不安装任何软件的计算机称为硬件计算机或裸机。裸机由于不装备任何软件，所以只能运行机器语言程序，这样的计算机，它的功能显然不会得到充分有效的发挥。普通用户面对的一般不是裸机，而是在裸机上配置若干软件之后构成的计算机系统。有了软件，就把一台实实在在的物理机器（有人称为实机器）变成了一台具有抽象概念的逻辑机器（有人称为虚机器），从而使人们不必更多地了解机器本身就可以使用计算机，软件在计算机和计算机使用者之间架起了桥梁。正是由于软件的丰富多彩，可以出色地完成各种不同的任务，才使得计算机的应用领域日益广泛。当然，计算机硬件是支撑计算机软件工作的基础，没有足够的硬件支持，软件也就无法正常工作。实际上，在计算机技术的发展进程中，计算机软件随硬件技术的迅速发展而发展；反过来，软件的不断发展与完善又促进了硬件的新发展，两者的发展密切地交织着，缺一不可。计算机系统的组成如图1-6所示。

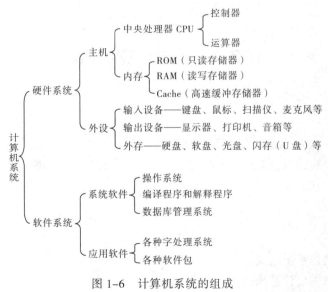

图1-6　计算机系统的组成

2．学习计算机的硬件系统

1）中央处理器

中央处理器（Central Processing Unit，CPU）是计算机系统的核心，包括运算器和控制器两个部件。

计算机所发生的全部动作都是 CPU 的控制。其中，运算器主要完成各种算术运算和逻辑运算，是对信息加工和处理的部件，由进行运算的运算器件及用来暂时寄存数据的寄存器、累加器等组成。控制器是对计算机发布命令的"决策机构"，用来协调和指挥整个计算机系统的操作，它本身不具有运算功能，而是通过读取各种指令，并对其进行翻译、分析，而后对各部件做出相应的控制。它主要由指令寄存器、译码器、程序计数器、操作控制器等组成。

2）内存储器

存储器是计算机的记忆和存储部件，用来存放信息。对存储器而言，容量越大，存储速度越快越好。计算机中的操作，大量的是与存储器交换信息，存储器的工作速度相对于 CPU 的运算速度要低很多，因此存储器的工作速度是制约计算机运算速度的主要因素之一。

计算机存储器一般分为两部分：一个是包含在计算机主机中的内存储器，它直接和运算器、控制器交换数据，容量小，但存取速度快，用于存放那些正在处理的数据或正在运行的程序；另一个是外存储器，它间接和运算器、控制器交换数据，存取速度慢，但存储容量大，价格低廉，用来存放暂时不用的数据。

内存储器又称主存，它和 CPU 一起构成了计算机的主机部分。内存由半导体存储器组成，存取速度较快，由于价格上的原因，一般容量较小。

3）外存储器

内存储器由于技术及价格上的原因，容量有限，不可能容纳所有的系统软件及各种用户程序，因此，计算机系统都要配置外存储器。外存储器又称辅助存储器，它的容量一般都比较大，而且大部分可以移动，便于不同计算机之间进行信息交流。

在微型计算机中，常用的磁盘、光盘等属于外存储器，磁盘又可分为硬盘和软盘。

软盘是一种涂有磁性物质的聚脂薄膜圆型盘片，它被封装在一个方形的保护套中，构成一个整体。

硬盘是由若干片硬盘片组成的盘片组，一般被固定在计算机箱内。硬盘的存储格式与软盘类似，但硬盘的容量要大很多，存取信息的速度也快得多。现在一般微型机上所配置的硬盘容量通常以 GB 为单位。硬盘在第一次使用时，也必须首先进行格式化。

光盘的存储介质不同于磁盘，它属于另一类存储器。由于光盘的容量大、存取速度较快、不易受干扰等特点，光盘的应用越来越广泛。光盘根据其制造材料和记录信息方式的不同一般分为 3 类：只读光盘、一次写入型光盘和可擦写光盘。

只读光盘是生产厂家在制造时根据用户要求将信息写到盘上，用户不能抹除，也不能写入，只能通过光盘驱动器读出盘中信息。只读光盘以一种凹坑的形式记录信息。光盘驱动器内装有激光光源，光盘表面以凸凹不平方式记录的信息，可以反射出强弱不同的光线，从而使记录的信息被读出。只读光盘的存储容量约为 650 MB。

一次写入型光盘可以由用户写入信息，但只能写一次，不能抹除和改写（像 PROM 芯片一样）。信息的写入通过特制的光盘刻录机进行。它是用激光使记录介质熔化蒸发穿出微孔或使非晶膜结晶化，改变原材料特性来记录信息。这种光盘的信息可多次读出，读出信息时使用只读光盘用的驱动器即可。一次写入型光盘的存储容量一般为几百兆字节。

可擦写光盘用户可自己写入信息，也可对自己记录的信息进行抹除和改写，就像使用磁盘一样可反复使用。它是用激光照射在记录介质上（不穿孔），利用光和热引起介质可逆性变化来进行信息记录的。可擦写光盘需插入特制的光盘驱动器进行读写操作，它的存储容量一般在几百兆字节至几吉字节之间。

4）输入设备

输入设备是外界向计算机送信息的装置。在微型计算机系统中，常用的输入设备有键盘、鼠标、扫描仪等。

对于计算机初学者来讲，正确掌握键盘和鼠标的使用方法是很重要的。

（1）键盘。键盘是最常用的输入设备，常用的键盘有 101 键、104 键等，不同种类的键盘的键位分布基本一致，下面以标准 104 键键盘为例说明键盘的分区及使用键盘时手指的分工，如图 1-7 所示。

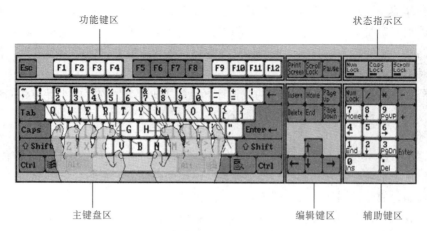

图 1-7　键盘分区及手指分工

① 系统控制键的作用如表 1-5 所示。

② 功能键区，位于键盘的最上面一排，它们的作用如表 1-6 所示。

表 1-5　系统控制键的作用

键	功　　能
Tab	制表键。每按一次，光标向右移动 8 个字符位置。在文字处理软件中每次移动的字符数可由用户规定
Caps Lock	大小写转换键。控制 Caps Lock 灯的发亮或熄灭，Caps Lock 灯亮，表示大写状态，否则为小写状态
Ctrl	控制功能键。这个键须与其他键同时组合使用才能完成某些特定功能
Shift	换挡键（主键盘左右下方各一个，其功能一样）。主要用途： ① 同时按下【Shift】和具有上下挡字符的键，上挡符起作用； ② 用于大小字母输入：当处于大写状态，同时按下【Shift】和字母键，输入小写字母；当处于小写状态，同时按下【Shift】和字母键，输入大写字母
Alt	组合功能键。这个键须与其他键同时使用才能完成某些特定功能
Space	空格键（键盘下方最长的键）。按一下产生一个空格
Backspace	或写为【←】，退格键。删除光标所在位置左边的一个字符
Enter	或写为回车键。结束一行输入，光标到下一行

表 1-6　功能键的作用

键	功　　能
Esc	用来中止某项操作。在有些编辑软件中，按一下此键，弹出系统菜单
F1～F12	在不同的应用软件中，能够完成不同的功能。例如，在 Windows 下，按【F1】键可以查看选定对象的帮助信息，按【F10】键可以激活菜单栏等
Print Screen	用于对屏幕进行硬复制，即打印屏幕键。在 Windows 中，按【Alt+Print Screen】组合键可以将当前的活动窗口复制到剪贴板中
Scroll Lock	滚屏幕状态和自锁状态
Pause/Break	暂停键。当屏幕在滚动显示某些信息时按下此键，可以暂停显示，直到按下任意键盘为止。如果同时按下【Ctrl+Pause】键，通常可以终止当前程序的运行

③ 编辑键区（光标控制键区），位于主键盘区与数字小键盘区的中间，用于光标定位和编辑操作，其作用如表 1-7 所示。

表 1-7　编辑键的作用

键	功　　能
→	光标右移一个字符
←	光标左移一个字符
↑	光标上移一行
↓	光标下移一行
Home	光标移到行首
End	光标移到行尾
Page Up	光标移到上一页
Page Down	光标移到下一页
Insert	插入/改写状态转换
Delete	删除光标所在的字符

（2）鼠标。"鼠标"的标准称呼是"鼠标器"，英文名"Mouse"。鼠标的使用是为了使计算机的操作更加简便来代替键盘烦琐的指令。鼠标也是计算机显示系统纵横坐标定位的指示器，因形似老鼠而得名"鼠标"。

① 鼠标的分类。按照工作原理，鼠标可分为机械式和光电式鼠标。

机械式鼠标如图 1-8 所示，鼠标下面有一个可以滚动的小球，当鼠标在平面上移动时，小球与平面摩擦转动，带动鼠标内的两个光盘转动，产生脉冲，测出 X-Y 方向的相对位移量，从而可反映出屏幕上鼠标的位置。机械式鼠标价格便宜，故障率较高，需要经常清洗，现在基本上已被淘汰。

光电式鼠标如图 1-9 所示，鼠标下面有一个光电转换装置，需要一块专用读取信号的垫板配合使用。鼠标在板上移动，鼠标下的光电转换装置根据从垫板上所取信号来确定光标位置。光电式鼠标故障较少，价格稍贵，但在市面上流通得最多。

现在很多计算机用户开始使用无线鼠标。无线鼠标是为了适应大屏幕显示器而生产的。所谓"无线"，即没有电线连接，而是采用电池无线摇控，鼠标有自动休眠功能，电池可用上一年，接收范围已达 10 m 甚至更远，如图 1-10 所示。

图 1-8　机械式鼠标图　　　　　图 1-9　光电式鼠标　　　　　图 1-10　无线鼠标

② 鼠标的基本操作包括指向、单击、双击、拖动和右击。

- 指向：指移动鼠标，将鼠标指针移到操作对象上。
- 单击：指快速按下并释放鼠标左键。单击一般用于选定一个操作对象。
- 双击：指连续两次快速按下并释放鼠标左键。双击一般用于打开窗口，启动应用程序。
- 拖动：指按下鼠标左键，移动鼠标到指定位置，再释放按键的操作。拖动一般用于选择多个操作对象，复制或移动对象等。
- 右击：指快速按下并释放鼠标右键。右击一般用于打开一个与操作相关的快捷菜单。

③ 鼠标指针的形状及其功能如表 1-8 所示。

表 1-8　鼠标指针的形状及其功能

形　　状	功　　能
↖	箭头指针，也是 Windows 的基本指针，用于选择菜单、命令或选项
↔ ↕	双向箭头指针，又称水平、垂直缩放指针，当将鼠标指针移到窗口的边框线上时，会变成双向箭头，此时拖动鼠标，可上下或左右移动边框改变窗口大小
↖ ↗	斜向箭头指针，又称等比缩放指针，当鼠标指针正好移到窗口的 4 个角落时，会变成斜向双向箭头，此时拖动鼠标，可沿水平和垂直两个方向等比例放大或缩小窗口
✛	四头箭头指针，又称搬移指针，用于移动选定的对象
⌛	漏斗指针，表示计算机正忙，需要用户等待
I	I 型指针，用于在文字编辑区内指示编辑位置

5）输出设备

输出设备的作用是将计算机中的数据信息传送到外部媒介，并转化成某种人们所认识的表示形式。在微型计算机中，最常用的输出设备有显示器、打印机、绘图仪和音箱等。

3. 学习计算机的软件系统

软件系统是指程序及有关程序的技术文档资料。软件系统是计算机系统中必不可少的组成部分，它在用户和计算机之间起桥梁作用。它可以使用户不必更多地了解计算机内部硬件的知识就可以灵活自如地使用计算机。

根据软件的用途，可将计算机软件系统分为两大类：系统软件和应用软件。

1）系统软件

系统软件一般由计算机设计者提供的计算机程序，用于计算机的管理、控制、维护、运行；方便用户对计算机的使用。包括操作系统、语言处理程序、数据库管理程序、网络通信管理程序等部分。其中，最重要的是操作系统软件，如 Windows 98、Windows 2000、Windows XP、Windows 7、UNIX、Linux 等。

2）应用软件

应用软件是指用户利用计算机及其提供的系统软件为解决各类实际问题而编制的计算机程

序。包括各种应用软件、工具软件、用户利用系统软件开发的系统功能等，如 Office、Photoshop、3ds max、各种游戏软件等。

4．学习计算机语言

计算机语言（Computer Language）是指用于人与计算机之间通信的语言。计算机语言是人与计算机之间传递信息的媒介。计算机系统最大的特征是指令通过一种语言传达给机器。为了使电子计算机进行各种工作，就需要有一套用以编写计算机程序的数字、字符和语法规划，由这些字符和语法规则组成计算机各种指令（或各种语句）。这些指令就是计算机能接受的语言。

计算机的语言分为 3 类：机器语言、汇编语言和高级语言。

1）机器语言

机器语言计算机能够识别的语言。它是由"0"和"1"组成的二进制代码语言；使用机器语言编写的程序称为机器语言程序。机器语言程序可以直接在计算机上运行。但是，机器语言不便于记忆、阅读和编写。

2）汇编语言

汇编语言是在机器语言的基础上发展起来的。人们用助记符号来表示机器指令中的操作码；这样形成汇编语言。它克服了机器语言的缺点，易于记忆、掌握，便于阅读和编写。汇编语言编写的程序称为汇编语言程序。但是，必须将汇编语言程序翻译成机器语言程序，计算机才能识别和执行。

3）高级语言

为了使计算机的应用更加广泛，人们发明了高级语言。高级语言与计算机的指令系统无关，它独立于计算机硬件，采用接近人们表达方式、功能完善的语句形式，易于被人们掌握。用高级语言编写的程序不能在计算机上直接运行，必须将其翻译成机器语言才能执行，这种翻译的过程一般分为"解释"和"编译"两种方式。

任务 4　配置一台多媒体计算机

任务情境

选择一款好的计算机，就是选择了一个好的帮手，能够帮我们解决很多问题，并且还能陪伴我们度过欢乐时光，所以选择一款好的计算机很重要。配置前要了解组成计算机的硬件，每个部件有不同的品牌、不同的价格、不同的性能，如何根据自己的实际情况选购一台性价比较高的计算机呢？表 1-9 所示为配置一台计算机的清单。

表 1-9　配置计算机的清单

编　号	部件名称	品　牌	型　号	单　价
1	中央处理器（CPU）			
2	主板（Mainboard）			
3	内存（RAM）			
4	显卡（Video Card）			
5	显示器（Monitor）			

续表

编　号	部件名称	品　牌	型　号	单　价
6	硬盘（Hard Disk）			
7	光驱（DVD-ROM、BD-RW 或刻录机）			
8	机箱、电源（Case、Power）			
9	键盘（Keyboard）			
10	鼠标（Mouse）			
11	声卡（Sound Card）			
12	音箱（Speaker）			
13	打印机（Printer）			
14	其他			
合计金额				

 任务分解

（1）配置 CPU；

（2）配置主板；

（3）配置内存；

（4）配置硬盘；

（5）配置显卡和显示器；

（6）配置其他硬件。

 任务实施

1. 配置 CPU

CPU 其主要功能是进行运算和逻辑运算，内部结构大致可以分为控制单元、算术逻辑单元和存储单元等几个部分。按照其处理信息的字长可以分为 8 位微处理器、16 位微处理器、32 位微处理器以及 64 位微处理器等。

CPU 是计算机系统的心脏，计算机特别是微型计算机的快速发展过程，实质上就是 CPU 从低级向高级、从简单向复杂发展的过程。

1）CPU 主要的性能指标

（1）主频：即 CPU 内部核心工作的时钟频率，单位一般是兆赫兹（MHz）。这是平时无论是使用还是购买计算机都最关心的一个参数，我们通常所说的 133、166、450 等就是指主频。对于同种类的 CPU，主频越高，CPU 的速度就越快，整机的性能就越高。

（2）外频：即 CPU 与周边设备传输数据的频率，具体是指 CPU 到芯片组之间的总线速度。因此 CPU 的外频越高时，CPU 就可以同时接受更多来自外围设备的数据。

（3）倍频：原先并没有倍频概念，CPU 的主频和系统总线的速度是一样的，但 CPU 的速度越来越快，倍频技术也就应运而生。它可使系统总线工作在相对较低的频率上，而 CPU 速度可以通过倍频来无限提升。那么 CPU 主频的计算方式变为主频=外频×倍频。也就是倍频是指 CPU 和系统总线之间相差的倍数，当外频不变时，提高倍频，CPU 主频也就越高。

（4）缓存（Cache）：CPU 进行处理的数据信息多是从内存中调取的，但 CPU 的运算速度要比内存快得多，为此在此传输过程中放置一个存储器，存储 CPU 经常使用的数据和指令。这样可以提高数据传输速度。可分一级缓存和二级缓存。

① 一级缓存：即 L1 Cache。集成在 CPU 内部中，用于 CPU 在处理数据过程中数据的暂时保存。由于缓存指令和数据与 CPU 同频工作，L1 级高速缓存的容量越大，存储信息越多，可减少 CPU 与内存之间的数据交换次数，提高 CPU 的运算效率。但因高速缓冲存储器均由静态 RAM 组成，结构较复杂，在有限的 CPU 芯片面积上，L1 级高速缓存的容量不可能做得太大。

② 二级缓存：即 L2 Cache。由于 L1 级高速缓存容量的限制，为了再次提高 CPU 的运算速度，在 CPU 外部放置一个高速存储器，即二级缓存。工作主频比较灵活，可与 CPU 同频，也可不同。CPU 在读取数据时，先在 L1 中寻找，再从 L2 寻找，然后是内存，在后是外存储器。所以 L2 对系统的影响也不容忽视。

（5）内存总线速度：（Memory-Bus Speed）：是指 CPU 与二级（L2）高速缓存和内存之间数据交流的速度。

（6）扩展总线速度：（Expansion-Bus Speed）：是指 CPU 与扩展设备之间的数据传输速度。扩展总线就是 CPU 与外围设备的桥梁。

（7）地址总线宽度：简单的说是 CPU 能使用多大容量的内存，可以进行读取数据的物理地址空间。

（8）数据总线宽度：数据总线负责整个系统的数据流量的大小，而数据总线宽度则决定了 CPU 与二级高速缓存、内存以及输入/输出设备之间一次数据传输的信息量。

（9）生产工艺：在生产 CPU 过程中，要进行加工各种电路和电子元件，制造导线连接各个元器件。其生产的精度以微米（μm）来表示，精度越高，生产工艺越先进。在同样的材料中可以制造更多的电子元件，连接线也越细，提高 CPU 的集成度，同时，CPU 的功耗也越小，这样 CPU 的主频也可提高，在 0.25 μm 的生产工艺最高可以达到 600 MHz 的频率。而采用 0.18 μm 的生产工艺，CPU 可达到吉赫兹的水平上。现在主流的生产工艺是 0.022 μm 即 22 nm，例如英特尔（Intel）酷睿 i 系列 CPU 已经达到 22 nm 的生产工艺水平。

（10）工作电压：是指 CPU 正常工作所需的电压，提高工作电压，可以加强 CPU 内部信号，增加 CPU 的稳定性能，但会导致 CPU 的发热问题，CPU 发热将改变 CPU 的化学介质，降低 CPU 的寿命。早期 CPU 工作电压为 5 V，随着制造工艺与主频的提高，CPU 的工作电压有着很大的变化，PIII CPU 的工作电压为 1.7 V，解决了 CPU 发热过高的问题，而 2013 年 4 月最新上市的英特尔（Intel）酷睿 i 系列 CPU 的内核电压是 0.816 V 左右，在保持高性能的同时，大大降低了功耗和发热量。

2）如何选购 CPU

（1）品牌选择。目前市场的 CPU 主要厂家分 Intel 和 AMD 两家。AMD 在三维制作、游戏应用和视频处理方面突出，Intel 的处理器在商业应用、多媒体应用、平面设计方面有优势。性能方面，同档次的，Intel 公司的整体比 AMD 公司的性能稳定；价格方面，AMD 公司的性价比较高。

Intel 从低到高分为：赛扬系列/奔腾系列/酷睿系列。

AMD 从低到高分为：Sempron（闪龙系列）/Athlon（速龙系列）/Phenom（羿龙系列）。

（2）综合考虑 CUP 的参数。以上介绍的决定 CPU 性能的指标要综合考虑，尤其是主频和缓存，这两项指标对 CPU 的速度影响很大，用一个形象的比喻，如果 CPU 是一家银行，主频就是柜台的处理速度，而缓存就相当于大厅的大小，大厅越大同时排队的就越多，整体处理的事物也就越多。图 1-11～图 1-13 所示为 3 个系列的 CPU。

| 图 1-11 Intel 奔腾系列 CPU | 图 1-12 Intel 酷睿 i7CPU | 图 1-13 AMD 闪龙系列 CPU |

2．配置主板

主板又称主机板（Mainboard）、系统板（Systemboard）或母板（Motherboard）；它安装在机箱内，是微机最基本的也是最重要的部件之一。主板一般为矩形电路板，上面安装了组成计算机的主要电路系统，一般有 BIOS 芯片、I/O 控制芯片、键盘和面板控制开关接口、指示灯插接件、扩充插槽、主板及插卡的直流电源供电接插件等元件。

计算机的质量与主板的设计和工艺有极大的关系。所以从计算机诞生开始，各厂家和用户都十分重视主板的体系结构和加工水平。了解主板的特性及使用情况，对购机、装机、用机都是极有价值的。

1）认识主板的构成

主板的构成如图 1-14 和图 1-15 所示。

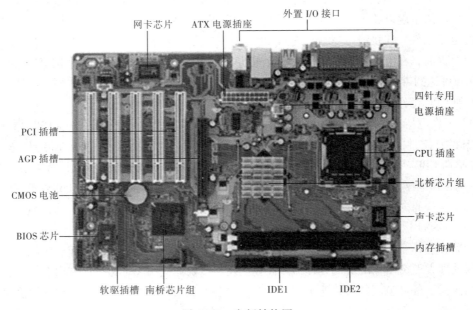

图 1-14 主板结构图

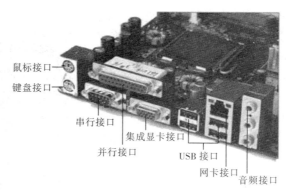

鼠标接口
键盘接口
串行接口
并行接口
集成显卡接口
USB 接口
网卡接口
音频接口

图 1-15　主板上的外置 I/O 接口

（1）芯片部分：

① BIOS 芯片：是一块方块状的存储器，里面存有与该主板搭配的基本输入/输出系统程序。能够让主板识别各种硬件，还可以设置引导系统的设备，调整 CPU 外频等。BIOS 芯片是可以写入的，这方便用户更新 BIOS 的版本，以获取更好的性能及对计算机最新硬件的支持，当然不利的一面便是会让主板遭受诸如 CIH 病毒的袭击。

② 南北桥芯片：横跨 AGP 插槽左右两边的两块芯片就是南北桥芯片。南桥多位于 PCI 插槽的上面；而 CPU 插槽旁边，被散热片盖住的就是北桥芯片。芯片组以北桥芯片为核心，一般情况下，主板的命名都是以北桥的核心名称命名的（如 P45 的主板就是用的 P45 的北桥芯片）。北桥芯片主要负责处理 CPU、内存、显卡三者间的"交通"，由于发热量较大，因而需要散热片散热。南桥芯片则负责硬盘等存储设备和 PCI 之间的数据流通。南桥和北桥合称芯片组。芯片组在很大程度上决定了主板的功能和性能。现在一些高端主板上将南北桥芯片封装到一起，只有一个芯片，这大大提高了芯片组的功能。

（2）扩展槽部分。所谓"插拔部分"，是指这部分的配件可以用"插"来安装，用"拔"来反安装。

① 内存插槽：内存插槽一般位于 CPU 插座下方。图 1-16 所示的是 DDR SDRAM 插槽，这种插槽的线数为 184 线。

② PCI 插槽：PCI 插槽多为乳白色，是主板的必备插槽，可以插上软 Modem、声卡、网卡、多功能卡等设备。

③ AGP 插槽：AGP（Accelerated Graphics Port）是在 PCI 总线基础上发展起来的，主要针对图形显示方面进行优化，专门用于插显卡，目前已被淘汰，如图 1-17 所示。

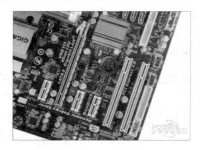

图 1-16　内存插槽

图 1-17　AGP 插槽

④ PCI-Express 插槽：主要用于插显卡，它的主要优势就是数据传输速率高，目前最高可达到 10 GB/s 以上，而且还有相当大的发展潜力，目前 PCI-Express 已经全面取代了 PCI 插槽和 AGP 插槽，如图 1-18 所示。

（3）对外接口部分：

① 硬盘接口：硬盘接口可分为 IDE 接口和 SATA 接口。在型号老些的主板上，多集成两个 IDE 口，通常 IDE 接口都位于 PCI 插槽下方，从空间上则垂直于内存插槽（也有横着的）。而新型主板上，IDE 接口大多缩减，甚至没有，代之以 SATA 接口。

② COM 接口（串口）：目前大多数主板都提供了两个 COM 接口，分别为 COM1 和 COM2，作用是连接串行鼠标和外置 Modem 等设备。

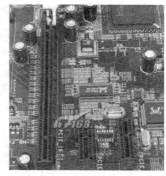

图 1-18　PCI-Express 插槽

③ PS/2 接口：PS/2 接口的功能比较单一，仅能用于连接键盘和鼠标，如图 1-19 所示。一般情况下，鼠标的接口为绿色、键盘的接口为紫色。PS/2 接口的传输速率比 COM 接口稍快一些，但这么多年使用之后，虽然现在绝大多数主板依然配备该接口，但支持该接口的鼠标和键盘越来越少，大部分外设厂商也不再推出基于该接口的外设产品，更多的是推出 USB 接口的外设产品，不过值得一提的是，由于该接口使用非常广泛，因此很多使用者即使在使用 USB 接口也更愿意通过 PS/2-USB 转接器插到 PS/2 接口上使用，外加键盘鼠标每一代产品的寿命都非常长，因此接口的使用率现在依然极高，但在不久的将来，被 USB 接口所完全取代的可能性也极高。

④ USB 接口：USB 接口是现在最为流行的接口，最大可以支持 127 个外设，并且可以独立供电，其应用非常广泛，如图 1-20 所示。USB 接口可以从主板上获得 500 mA 的电流，支持热拔插，真正做到了即插即用。一个 USB 接口可同时支持高速和低速 USB 外设的访问。

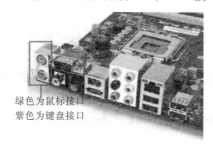

绿色为鼠标接口
紫色为键盘接口

图 1-19　PS/2 接口

USB 2.0 接口

USB 3.0 接口

图 1-20　USB 接口

⑤ LPT 接口（并口）：一般用来连接打印机或扫描仪。其默认的中断号是 IRQ7，采用 25 脚的 DB-25 接头。现在使用 LPT 接口的打印机与扫描仪已经很少，多为使用 USB 接口的打印机与扫描仪。

⑥ MIDI 接口：声卡的 MIDI 接口和游戏杆接口是共用的。接口中的两个针脚用来传送 MIDI 信号，可连接各种 MIDI 设备，例如电子键盘等，现在市面上已很难找到基于该接口的产品。

2）如何选购主板

（1）要与之前选购的 CPU 相配套。目前市面上的主板产品根据支持 CPU 的不同，其实用的处理器插座并不相同。其中主要分为 Intel 系列以及 AMD 系列两大种。在这两大类型的选购下，需要根据主要的用途进行选择，如果只是用来处理一些日常文件及上网，且计算机并不是常处于高速奔跑状况下，建议选配 AMD 系列的主板搭配性价比较好的 AMD CPU。反之，可以考虑 Intel 系列的主板搭配 Intel 的 CPU。

（2）兼容性和稳定性。

（3）主板的散热性能。主板良好的散热性能不仅能有效地保证整机长时间工作的稳定，同时还能进一步提升计算机的整体超频性能。

（4）品牌与售后服务。一个有品牌的产品会非常注重它的品质，无疑为用户在选购时提供了极大的信心。

3．配置内存

内存是计算机中重要的部件之一，它是与 CPU 进行沟通的桥梁。计算机中所有程序的运行都是在内存中进行的，因此内存的性能对计算机的影响非常大。内存（Memory）又称内存储器，其作用是用于暂时存放 CPU 中的运算数据，以及与硬盘等外部存储器交换的数据。只要计算机在运行中，CPU 就会把需要运算的数据调到内存中进行运算，当运算完成后 CPU 再将结果传送出来，内存的运行也决定了计算机的稳定运行。

目前，桌面平台所采用的内存主要为 DDR1、DDR2（见图 1-21）和 DDR3（见图 1-22）这 3 种，其中 DDR1 和 DDR2 内存基本上已被淘汰，而 DDR3 是目前的主流。

图 1-21　DDR2 内存　　　　　　图 1-22　DDR3 内存

1）内存的主要性能参数

（1）内存频率。和 CPU 一样，内存也有自己的工作频率，频率以 MHz 为单位，内存主频越高在一定程度上代表内存所能达到的速度越快。内存主频决定着该内存最高能在什么样的频率下正常工作。目前最为主流的内存频率为 DDR3-1333 和 DDR3-1600。

（2）内存容量。内存的容量不但是影响内存价格的因素，同时也是影响整机系统性能的因素。过去 Windows XP 平台，512 MB 的内存还是主流，1 GB 已经是大容量；到了现在，64 位系统开始普及，Windows Vista、Windows 7 被越来越多的人使用，没有 2 GB 左右的内存都不一定能保证操作的流畅度。目前，单根内存的容量主要有 2 GB、4 GB、8 GB 等几种，高端的还有很罕有的单根 16 GB 超大容量内存。

（3）工作电压。内存正常工作所需要的电压值，不同类型的内存电压也不同，但各自均有自己的规格，超出其规格，容易造成内存损坏。DDR2 内存的工作电压一般在 1.8 V 左右，而 DDR3 内存则在 1.6 V 左右。有的高频内存需要工作在高于标准的电压值下，具体到每种品牌、每种型号的内存，则要根据厂家的不同而不同。只要在允许的范围内浮动，略微提高内存电压，有利于内存超频，但同时发热量大大增加，因此有损坏硬件的风险。

2）选购内存

目前市场上内存的主流品牌有金士顿 Kingston、威刚 ADATA、海盗船 Corsair、三星 SAMSUNG、宇瞻 Apace、金邦 GEIL、芝奇 G.SKILL、金泰克 KINGTIGER、现代 Hynix 等。

内存的性能参数不像 CPU 和主板那么多，基本上只要容量足、频率对就可以了。选购内存条时除了要考虑前面介绍的性能、容量和存取速度以及品牌因素之外，还要考虑以下几个因素：

（1）奇偶性：为了保证内存存取数据的准确性，有些内存条上有奇偶检验位，主要用于服务器。如果对计算机运行的稳定性要求很高，也可选择有奇偶检验功能的内存条。

（2）价格：虽然现在的内存条和以前相比，价格已经大幅下降，但不同的内存条品牌和性能，价格还是有一些差别的，可根据自己的需要和预算情况选择适合自己的价位。

4．配置硬盘

硬盘是计算机中重要的部件之一，存储的信息是无价之宝，因此，每个购买计算机的用户都希望选择一个性价比高、性能稳定的好硬盘，并且在一段时间内能够满足自己的存储需要。速度、容量、安全性一直是衡量硬盘最主要的三大因素。更大、更快、更安全、更廉价是硬盘发展的方向。

我们在选购硬盘时应从以下几方面加以考虑：

1）硬盘容量

硬盘的容量是非常关键的，大多数被淘汰的硬盘都是因为容量不足，不能适应日益增长海量数据的存储，硬盘的容量多大也不为过，在资金充裕的条件下，应尽量购买大容量硬盘，这是因为容量越大，硬盘上每兆存储介质的成本越低。原则上说，在尽可能的范围内，硬盘的容量越大越好，一方面用户得到了更大的存储空间，能够更好地面对将来可能潜在的存储需要；另一方面容量越大硬盘上每兆存储介质的成本就越低，无形中为用户降低了使用成本，这一点对于那些从事图形图像处理、音频语音识别和多媒体技术应用等工作，要求海量存储空间的用户尤其重要。但是并不是对所有用户都是如此，譬如为办公室里应用于一般办公的 PC 配备一只超大容量的硬盘就有些"奢侈"了。

2）硬盘速度

由于硬盘的读写离不开机械运动，其速度相对于 CPU、内存、显卡等的速度来说要慢得多，从著名的"木桶效应"来看，可以说硬盘的性能决定了计算机的最终性能。硬盘速度的快慢主要取决于转速、缓存、平均寻道时间和接口类型。

3）稳定性

强大的稳定性是任何一个人都希望自己的系统所具有的，但是如果买了一个容量大、速度快的硬盘，但是偏偏稳定性不好，也是很遗憾的事情，所以在选购硬盘时要保证一个原则，就是淘汰的东西不买、最新的东西也尽量不买。原因很简单，淘汰的东西一般是容量小而且技术落后，买了以后用不了多长时间就会遭遇到落伍的尴尬；而太新的产品价格贵且先不说，主要是新产品用的新技术并不是很成熟完善，所以难免会有缺陷。

4）品牌

目前市场上硬盘的主流品牌有日立、希捷、西部数据 WD、东芝 TOSHIBA、富士通 FUJITSU、三星 SAMSUNG、迈拓 Maxtor Corporation 等。在挑选硬盘时，尽量选一些知名的大品牌。因为硬盘工作时总是在不停地高速运转，它其实是很脆弱的，没有人希望自己重要的数据轻易地丢失。

因此选择一些大品牌，在售后服务和质量保障方面比较可靠。

5）固态硬盘

固态硬盘（Solid State Drives）简称固盘，简单的说就是用固态电子存储芯片阵列而制成的硬盘，其芯片的工作温度范围很宽，商规产品 0～70 ℃，工规产品为-40～85 ℃。和普通硬盘相比有以下特点：

（1）读写速度快，是普通硬盘的 5～10 倍。

（2）物理特性，低功耗、无噪声、抗震动、低热量、体积小、工作温度范围大。

（3）价格昂贵，市场上 128 GB 固态硬盘，一般价格为 400 元左右，部分型号甚至达到 600 元左右，而这个价钱足够买一个容量 2 TB 的传统硬盘。

5. 配置显卡和显示器

1）显卡

显卡全称为显示接口卡（Video card，Graphics card），又称显示适配器（Video adapter），是个人计算机最基本的组成部分之一。显卡的用途是将计算机系统所需要的显示信息进行转换驱动，并向显示器提供行扫描信号，控制显示器的正确显示，是连接显示器和个人计算机主板的重要元件，是"人机对话"的重要设备之一。显卡作为计算机主机中的一个重要组成部分，承担输出显示图形的任务，对于从事专业图形设计的人来说显卡非常重要。在选购显卡时可参考以下几个性能参数：

（1）核心频率与显存频率。核心频率是指显卡视频处理器（GPU）的时钟频率，显存频率则是指显存的工作频率；显存频率一般比核心频率略低，或者与核心频率相同。显卡的核心频率和显存频率越高，显卡的性能越好。

（2）显存容量。显存是用来接收和存储来自 GPU 的图像数据信息。显存容量大小与显卡的性能关系密切，显存容量取决于显卡的最大分辨率和色深。

2）显示器

显示器通常也被称为监视器，是计算机的 I/O 设备，即输入/输出设备。它是一种将一定的电子文件通过特定的传输设备显示到屏幕上再反射到人眼的显示工具。

从早期的黑白世界到现在的色彩世界，显示器走过了漫长而艰辛的历程，随着显示器技术的不断发展，显示器的分类也越来越明细。现在大致可以分为 CRT 显示器、LCD 显示器、LED 显示器、等离子显示器等几类。

（1）CRT 显示器（见图 1-23）：CRT 显示器是一种使用阴极射线管（Cathode Ray Tube）的显示器，它曾经是应用最广泛的显示器之一，虽然 CRT 纯平显示器具有可视角度大、无坏点、色彩还原度高、色度均匀、可调节的多分辨率模式、响应时间极短等 LCD 显示器难以超过的优点，但因市场原因现在已基本被淘汰，除了某些特殊领域还在使用。

（2）LCD 显示器（见图 1-24）：即液晶显示器，优点是机身薄，体积小，辐射小，给人以一种健康产品的形象。但液晶显示屏不一定可以保护到眼睛，这需要看各人使用计算机的习惯。LCD 液晶显示器的工作原理，在显示器内部有很多液晶粒子，它们有规律的排列成一定的形状，并且它们每一面的颜色都不同，分为红色、绿色、蓝色。这三原色能还原成任意的其他颜色，当显示器收到计算机的显示数据时会控制每个液晶粒子转动到不同颜色的面，来组合成不同的颜色和图像。液晶显示屏的缺点是色彩不够艳，可视角度不高等。

图 1-23　CRT 显示器

图 1-24　LCD 显示器

作为近些年才突然新兴起的新产品，液晶显示器已全面取代笨重的 CRT 显示器成为现在主流的显示设备。如何挑选一款性能良好的 LCD 显示器呢，可以参考 LCD 显示器的几个主要性能参数：

① 分辨率。传统 CRT 显示器只要行频和带宽足够，一般能稳定支持其所支持的分辨率内的所有画面全屏稳定显示。而 LCD 的像素是固定的，所以 LCD 只有在最佳分辨率（最大分辨率，15 in LCD 的最佳分辨率为 1024×768，17～19 in 的最佳分辨率通常为 1 280×1 024）下才能显现最佳影像。

② 刷新频率。刷新频率也就是显示器的垂直扫描频率（场频），它是指每秒内电子枪对整个屏幕进行扫描的次数，以 Hz（赫兹）为单位。对于 CRT 显示器来说，CRT 显示器上显示的图像是由很多荧光点组成，每个荧光点都在电子束的击打下发光，不过荧光点发光的时间很短，所以要不断地有电子束刷新击打荧光粉使之持续发光，而只有刷新够快，人眼才能看到持续更稳定的画面，才不会感觉到画面的闪烁和抖动，眼睛也就不容易疲劳。所以 CRT 显示器的刷新率在相关分辨率下不低于 85 Hz 才能让人眼看着更舒服。

和 CRT 显示器将画面分成若干"扫描线"来进行刷新会出现画面闪烁的问题相比，LCD 产生图像不是通过电子枪扫描，而是通过控制是否透光来控制亮和暗，所以 LCD 的刷新是对整幅的画面进行刷新，LCD 即使在较低的刷新率（如 60 Hz）下，也不会出现闪烁的现象。所以，在调整 LCD 时无须调高刷新频率，采用 60 Hz（分辨率 1024×768 像素）、75 Hz（分辨率 1 280×1 024 像素）或"默认的适配器"均可。

③ 可视角度。显示器的可视角度是指从不同的方向可清晰地看到屏上所有内容的最大角度，CRT 显示器的可视角度理论上可接近上下左右 180°。由于 LCD 是采用光线透射来显像，所以 LCD 的可视角度相比 CRT 显示器要小，在 LCD 中，直射和斜射的光线都会穿透同一显示区的像素，所以从大于可视角以外的角度观看屏幕时会发现图像有重影和变色等现象。

目前的液晶显示器的水平（左右）可视角度一般在 120°以上，而垂直（上下）可视角度要稍小些，一般在 100°以上。

④ 响应时间。信号反应时间是液晶显示器的液晶单元响应延迟，是指液晶单元从一种分子排列状态转变成另外一种分子排列状态所需要的时间，即屏幕由暗转亮或由亮转暗的速度。响应时间愈短愈好，它反应了液晶显示器各像素对输入信号反应的速度。目前主流 LCD 响应时间都能做到 8 ms。

⑤ 亮度和对比度。最大亮度的含义即屏幕显示白色图形时白块的最大亮度，其量值单位是 cd/m^2。一般情况下，背景较暗时白色的亮度在 70 cd/m^2 以上即已经可令人满意。对比度的含义是显示画面或字符（测试时用白块）与屏幕背景底色的亮度之比。对比度越大，则显示的字符或画面越清晰。

6. 配置其他硬件

配置一台完整的计算机，只是几个核心部件还不够，还要配备很多其他的硬件设备，如键盘、鼠标、光驱、音箱等。可以参考以上几个硬件的配置方法来完成。

第 2 章　Windows 7 操作系统

任务 1　安装 Windows 7 操作系统

任务情境

当我们打开计算机，只要用鼠标单击屏幕上的形象化的图标，就可以轻松完成大部分操作。还可以一边上网在线听音乐，一边用 Word 写文章，这么悠闲的事情，都是 Windows 7 带给人们的"礼物"。这次任务我们就来近距离的认识操作系统，并学习如何安装 Windows 7 操作系统。

任务分解

（1）认识操作系统；
（2）了解 Windows 7 操作系统；
（3）进行安装前的准备；
（4）安装 Windows 7 操作系统。

任务实施

1. 认识操作系统

操作系统是方便用户、管理和控制计算机软硬件资源的系统软件（或程序集合）。从用户角度看，操作系统可以看成是对计算机硬件的扩充；从人机交互方式来看，操作系统是用户与机器的接口；从计算机的系统结构看，操作系统是一种层次、模块结构的程序集合。操作系统在设计方面体现了计算机技术和管理技术的结合。

操作系统是软件，而且是系统软件。它在计算机系统中的作用，大致可以从两方面体会：对内，操作系统管理计算机系统的各种资源，扩充硬件的功能；对外，操作系统提供良好的人机界面，方便用户使用计算机。它在整个计算机系统中具有承上启下的地位。

在微机上，早期运行的主要操作系统是 MS-DOS。MS-DOS 具有字符型用户界面，采用命令行方式进行操作和管理，这种方式操作起来很不方便，而且需要用户记忆大量的 DOS 命令。随着计算机软硬件技术的飞速发展，计算机领域出现了图形化用户界面的操作系统 Windows。

Windows 系列操作系统是微软（Microsoft）公司推出的具有图形用户界面（Graphical User

Interface，GUI）的多任务操作系统。用户只要用鼠标单击屏幕上的形象化的图形，就可以轻松完成大部分的操作。微软公司自从 1985 年发布第一个 Windows 版本 Windows 1.0 以来，先后发布了若干版本的 Windows 操作系统，如 Windows 95、Windows 98、Windows ME、Windows 2000、Windows 2003、Windows XP、Windows Vista、Windows 7 等。鲜艳的色彩、动听的音乐、前所未有的易用性，以及令人兴奋的多任务操作，使操作计算机成为一种享受。目前流行的操作系统是 2009 年 10 月发布的 Windows 7。最新版本的 Windows 10 操作系统也已发布。

2．了解 Windows 7 操作系统

Windows 7 操作系统是具有革命性变化的操作系统。该系统使人们的日常计算机操作更加简单和快捷，为人们提供高效易行的工作环境。Windows 7 可供家庭及商业工作环境中的笔记本电脑、平板电脑、多媒体中心等使用。Windows 7 不仅拥有亮丽的界面，而且拥有强大的功能。

1）Windows 7 的版本

Windows 7 有简易版、家庭普通版、家庭高级版、专业版、旗舰版。Windows 7 旗舰版属于微软公司开发的 Windows 7 系列中的终结版本，是功能最完善、最丰富的一款操作系统，当然硬件要求也是最高的。

本任务主要介绍 Windows 7 旗舰版的基本操作。

2）Windows 7 的运行环境

安装 Windows 7 的配置要求如下：

最低配置：

- 1 GHz 32 位或 64 位处理器；
- 1 GB 内存（基于 32 位）或 2 GB 内存（基于 64 位）；
- 16 GB 可用硬盘空间（基于 32 位）或 20 GB 可用硬盘空间（基于 64 位）；
- 带有 WDDM 1.0 或更高版本的驱动程序的 DirectX 9 图形设备；
- DVD-R/RW 驱动器或者 U 盘等其他存储介质。

推荐配置：

- 2 GHz 及以上的处理器；
- 2 GB 及以上内存（基于 32 位）或 4GB 及以上内存（基于 64 位）；
- 25 GB 以上可用硬盘空间；
- 带有 WDDM 1.0 或更高版本的驱动程序的 DirectX 9 图形设备；
- DVD-R/RW 驱动器或者 U 盘等其他存储介质。

3．进行安装前的准备

安装操作系统和安装普通软件并不一样，安装普通软件时通常只须设置一下安装的路径和环境就可以了，但安装操作系统时却需要对诸多硬件进行设置。比方说，安装前就需要对硬盘进行文件系统的选择、分区的规划、格式化分区等操作，在安装时还需要对计算机系统中使用的一些基本硬件进行指定。

安装前的准备工作分这样几项：备份重要文件，准备好系统安装光盘，准备好常用软件。

4．安装 Windows 7 操作系统

1）将 BIOS 启动项设置为从"光盘"启动

在安装系统之前首先需要在 BIOS 中将光盘设置为第一启动项。进入 BIOS 的方法随不同 BIOS

而不同，一般来说，可在开机自检通过后按【Del】键或者是【F2】键等。进入 BIOS 以后，找到 Boot 项目，然后在列表中将第一启动项设置为 CD-ROM 即可。

操作提示：

- 开启计算机电源后，立即按键盘上的【Del】键，直到进入开机设置界面，即 BIOS。不同的 BIOS 进入方法可能不同，常见的是按【Del】键、【F2】键或【F1】键。台式组装机一般是【Del】键，台式品牌机和笔记本电脑一般按【F1】或【F2】键。具体按哪个键我们可以在开机启动界面的下方看到，如图 2-1 所示。

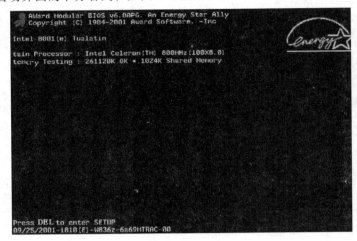

图 2-1　启动界面

- 进入 BIOS 设置窗口后，使用光标方向键，选择 Advanced BIOS Features（高级 BIOS 特征），按【Enter】键，如图 2-2 所示。

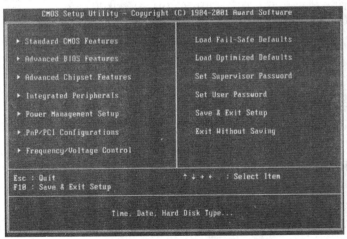

图 2-2　BIOS 设置窗口

- 选中 First Boot Device（第一启动设备，有些是显示 1st Boot Device），如图 2-3 所示，然后按【Enter】键。
- 在弹出的窗口中选择 CDROM（CDROM 是指光盘，Floppy 是软盘，HDD 是硬盘），按【Enter】键，如图 2-4 所示。

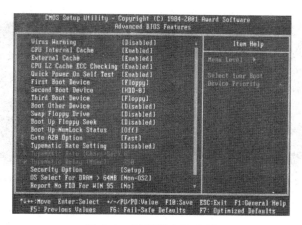

图 2-3　设置第一启动项

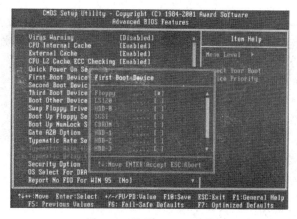

图 2-4　选择 CDROM 项

- 设置好后，按【Esc】键回到主菜单，选择 Save Exit Setup（保存并退出），如图 2-5 所示。

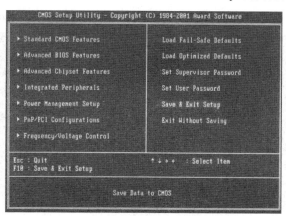

图 2-5　保存启动设置

- 按【Y】键，重启计算机，如图 2-6 所示。
- 将 Windows 7 系统安装盘放入光驱中，计算机直接从光盘启动，开始加载启动程序，如图 2-7 所示。

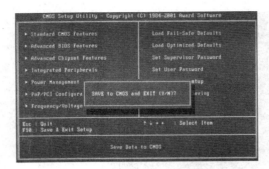

图 2-6 退出设置

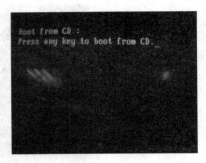

图 2-7 系统从光盘启动

2）收集信息

操作提示：

- 准备开始安装 Windows 7，首先设置语言、时间格式和输入方式，如图 2-8 所示。

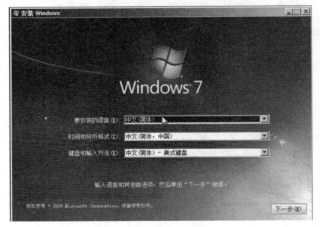

图 2-8 输入语言、时间格式和输入方式

- 选择安装 Windows 7 操作系统并启动安装程序，如图 2-9 和图 2-10 所示。

图 2-9 选择安装操作系统

图 2-10　启动安装程序

- 在正式安装 Windows 7 以前，需要先接受 Windows 7 许可条款，如图 2-11 所示。

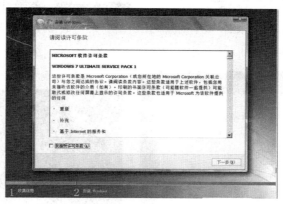

图 2-11　许可条款

- 接下来就要准备分区了，为 C 盘指定大小，如图 2-12 所示。一般将硬盘划分为一个主分区（C 盘）和一个含有多个逻辑磁盘的扩展分区（D、E、F 等）。其中操作系统所在的分区应至少划分 20 GB 的空间。小硬盘一般分两个区，大硬盘可分多个分区，但尽量不要超过 8 个。按照一步步提示操作，分区结束后，选择某一个磁盘来安装系统，如图 2-13 所示。

图 2-12　准备分区

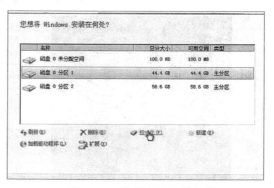

图 2-13　选择磁盘安装系统

- 选择 C 盘，准备复制 Windows 安装文件，如图 2-14 所示。
- 接下来展开 Windows 文件，安装 Windows 功能并更新，在这过程中计算机会重启多次，如图 2-15 所示。

图 2-14　复制文件

图 2-15　安装 Windows

- 安装完前三项，计算机进行第一次重新启动，如图 2-16～图 2-18 所示。

图 2-16　Windows 7 第一次重新启动

图 2-17　Windows 7 启动界面

3）安装 Windows 7 操作系统

- 完成 Windows 7 的最后一步安装，如图 2-19 所示。

图 2-18　安装程序启动服务

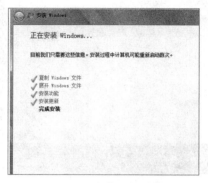

图 2-19　安装更新

- 前四项装好后，计算机第二次重新启动，如图 2-20 所示。

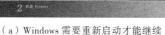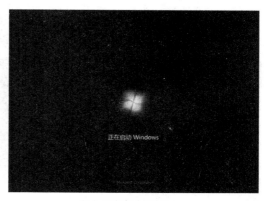

（a）Windows 需要重新启动才能继续　　　　　　（b）正在启动 Windows

图 2-20　第二次启动计算机

- 完成安装，将进行第三次重新启动，如图 2-21 所示。

图 2-21　第三次重新启动

- 接下来，安装程序将为首次使用计算机做准备，如图 2-22 和图 2-23 所示。

图 2-22　安装程序为首次使用做准备　　　　　　图 2-23　安装程序检查视频性能

4）设置系统配置

- 系统安装的最后一步是进行系统设置，先输入用户名和计算机名称，如图 2-24 所示。
- 完成输入后单击"下一步"按钮，进入设置密码界面，如图 2-25 所示。

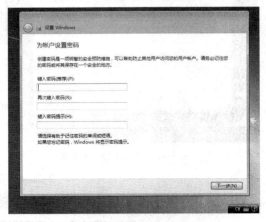

图 2-24　输入用户名和计算机名称　　　　图 2-25　设置用户密码

- 完成输入后单击"下一步"按钮，进入产品序列号输入界面，如图 2-26 所示。
- 完成输入后单击"下一步"按钮，设置计算机安全策略，这里可选择"使用推荐设置"选项，如图 2-27 所示。

图 2-26　输入产品序列号　　　　　　　图 2-27　设置计算机安全策略

- 接下来开始设置系统时间和日期，如图 2-28 所示，如果计算机的时间和日期是准确的，可直接单击"下一步"按钮。
- 以上设置完毕后，计算机将再次重新启动并完成全部设置，如图 2-29 所示。
- 进入到 Windows 7 的欢迎界面，如图 2-30 所示。
- 最后一步，系统准备桌面，打开 Windows 7 操作系统，首次安装的 Windows 7 操作系统桌面只会显示"回收站"图标，如图 2-31 和图 2-32 所示。这样 Windows 7 操作系统的全部安装过程就完成了。

图 2-28　设置时间

图 2-29　完成设置

图 2-30　欢迎界面

图 2-31　准备桌面

图 2-32　初次启动的 Windows 7 桌面

任务 2　使用 Windows 7 操作系统

任务情境

微软的 Windows 7 系统是目前使用得较为广泛的计算机操作系统，它不仅给人们平日的工作、上网及娱乐带来了方便，同时系统的性能也日渐稳定。为了让大家更充分地运用 Windows 7 系统，这次任务我们就来学习如何使用 Windows 7 操作系统。

任务分解

（1）启动与关闭 Windows 7；
（2）认识桌面；
（3）使用"开始"菜单；
（4）认识任务栏；
（5）使用 Windows 7 窗口；
（6）认识图标；
（7）设置个性化工作环境。

任务实施

1. 启动与关闭 Windows 7

- 先按主机上的电源（Power）开关，然后打开显示器电源，系统会先运行一些开机软件，然后再开机。如果开机速度过慢，可检查自己的开机软件是不是启动过多而影响了开机速度。
- 当计算机使用完毕，可单击"开始"按钮，在"开始"菜单右侧单击"关机"按钮即可关闭计算机。

2. 认识桌面

桌面是打开计算机并登录到 Windows 之后看到的主屏幕区域。就像实际的桌面一样，它是工作的平台。打开程序或文件夹时，它们便会出现在桌面上。还可以将一些项目（如文件和文件夹）放在桌面上，并且随意排列它们（随意在桌面摆放图标是 Windows 7 的新功能），如图 2-33 所示。这个界面就是 Windows 7 桌面，桌面主要由桌面背景、图标、开始按钮和任务栏组成。

桌面包括任务栏，任务栏位于屏幕的底部，显示正在运行的程序，利用它可以在运行的程序之间进行切换。它还包括"开始"菜单，单击"开始"按钮可以访问程序、文件夹和计算机设置。

3. 使用"开始"菜单

"开始"菜单主要由常用程序列表、"所有程序"按钮、启动列表、"关机"按钮区和搜索框组成，如图 2-34 所示。

图 2-33　中文 Windows 7 操作系统的桌面

图 2-34　"开始"菜单

1）常用程序列表

此列表中主要存放系统常用程序，包括"计算器""便签""截图工具""画图"和"放大镜"等。此列表是随着时间动态变化的，如果超过 10 个，它们会按照时间的先后顺序依次替换。

2）"所有程序"按钮

用户单击"所有程序"按钮可以查看所有系统中安装的软件程序。单击文件夹图标，可以展开相应的程序；单击"返回"按钮，即可隐藏所有程序列表。

3）启动列表

"开始"菜单的右侧是启动列表。在启动列表中列出经常使用的 Windows 程序链接，常见的有"文档""计算机""控制面板""图片"和"音乐"等，单击不同的程序选项，即可快速打开相应的程序。

4）搜索框

搜索框主要用来搜索计算机上的资源，是快速查找资源的有力工具。在搜索框中直接输入需要查询的文件名，按【Enter】键即可进行搜索操作。

　　5）"关机"按钮区

　　"关机"按钮区主要用来对系统进行关闭操作。单击"关机"按钮旁边的  按钮，打开图 2-35 所示的菜单，包括"切换用户""注销""锁定""重新启动"和"睡眠"等选项。

4. 认识任务栏

　　任务栏是位于桌面最底部的长条。主要由"程序"区域和"通知"区域组成，如图 2-36 所示。

图 2-35　"关闭"按钮菜单

　　中文 Windows 7 是一个多任务操作系统，可以同时启动多个程序，但是位于前台的任务只有一个。当一个应用程序被打开时，会在任务栏中出现一个表示该应用程序的按钮，任务栏上的每个按钮表示正在运行的一个程序或已打开的一个窗口。用户按【Alt+Tab】组合键可以在不同的窗口之间进行切换。

图 2-36　中文 Windows 7 的任务栏

5. 使用 Windows 7 窗口

　　1）窗口界面

　　窗口是 Windows 中使用最多的图形界面。大部分窗口都由相同的元素组成，最主要的元素包括标题栏、地址栏、搜索框、工具栏、导航窗格工作区、详细信息窗格、滚动条等。

　　双击桌面上的"计算机"图标，打开的窗口就是 Windows 7 的一个标准窗口，如图 2-37 所示。

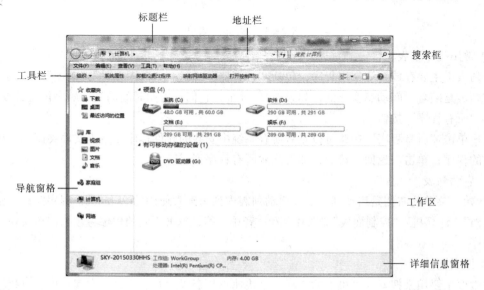

图 2-37　窗口的基本元素

（1）标题栏。标题栏的最右边有 3 个按钮，用于改变窗口的尺寸。它们的功能分别为：单击第 1 个按钮是把窗口最小化；单击第 2 个按钮可以使窗口在最大和普通大小间转换；单击第 3 个按钮是关闭窗口。

（2）地址栏。地址栏类似于网页中的地址栏，用于显示和输入当前窗口的地址（可在地址栏中输入网址，可在联网的情况下直接打开网站）。单击右侧的▼按钮，在弹出的列表中选择路径，可方便用户快速浏览文件。

（3）搜索栏。Windows 7 窗口右上角的搜索栏与"开始"菜单中标有"开始搜索"的搜索框的作用和用法相同，都具有在计算机中搜索各种文件的功能。

（4）工具栏。地址栏的下方是工具栏，提供了一些基本工具和菜单任务。

（5）导航窗格。导航窗格中提供了文件夹列表，它们以树状结构显示给用户，从而方便用户迅速定位所需的目标。

（6）工作区。窗口内的区域为工作区，用户在这个区域内进行当前应用程序支持的操作。

（7）详细信息窗格。本窗格用于显示当前操作的状态提示信息，或当前用户选定对象的详细信息。

（8）滚动条。若当前窗口不能显示所有的文件内容，可以将鼠标置于窗口的滚动条上，拖动鼠标以查看当前视图之处的窗口内容。

2）使用 Windows 7 窗口

通常在窗口右上角有 3 个控制窗口大小的 3 个按钮，如图 2-38 所示。

（1）最大化窗口。在窗口中双击标题栏，或者右击窗口标题栏空白处，此时会弹出图 2-39 所示的快捷菜单，或者将窗口的标题栏拖动至屏幕顶部，也可以使该窗口最大化显示。

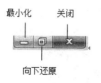

图 2-38　窗口右上角的控制窗口大小的按钮

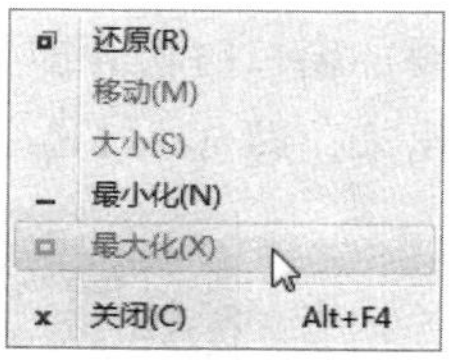

图 2-39　弹出的快捷菜单

（2）还原窗口。若恢复窗口原来的大小，需要单击该窗口的"还原"按钮即可。或者双击标题栏，也可还原窗口大小。

（3）最小化窗口。若要最小化窗口，需要单击"最小化"按钮，使该窗口最小化至任务栏中。

（4）排列窗口。在 Windows 7 中，多个窗口可以按不同的方式排列在桌面上。用户可以拖动窗口按自己喜欢的方式进行排列，也可以在任务栏上的非按钮区右击，在弹出的快捷菜单中有 3 种窗口排列方式可供选择：层叠窗口、堆叠显示窗口、并排显示窗口，如图 2-40 所示。

图 2-40　3 种排列窗口的方式

（5）多窗口预览。在日常使用计算机时，桌面上常常打开了不止一个窗口，如何快速找到自己需要的窗口呢？有以下两种方法可以解决这个问题。

方法一：通过任务栏按钮预览窗口。

　　每当用户打开一个新的窗口，系统会在任务栏上自动生成一个以该窗口命名的任务栏按钮，单击该按钮即可打开相应的窗口。将鼠标光标移动到任务栏按钮上，系统就会显示该按钮对应窗口的缩略图，只须单击其任务栏按钮，那么该窗口将会在其他窗口的上面显示，成为活动窗口。如果同类型按钮太多，系统会自动合并该种类型的按钮，形成列表。可将鼠标指针指向任务栏中隐藏多个窗口的任务栏按钮，然后从显示的缩略图预览中选择要切换的窗口，如图 2-41 所示。

图 2-41　任务栏按钮预览窗口

方法二：通过快捷键预览窗口。

- 利用【Alt+Tab】组合键。按住【Alt】键不放，再按【Tab】键就可以在现有窗口缩略图中按顺序切换，选到目的窗口再松开即可，如图 2-42 所示。

图 2-42　窗口略缩图

- 利用【🪟+Tab】组合键，按住🪟键不放，再按【Tab】键来显示各个窗口，当显示的窗口为自己需要的窗口时松开即可。利用这个组合键可以将所有打开的窗口以一种立体的 3D 效果显示出来，即 Aero Flip 3D 效果。它提供了图 2-43 所示的倾斜角度 3D 预览界面。

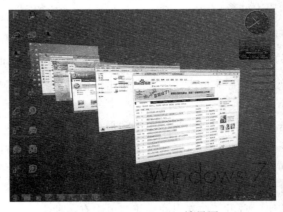

图 2-43　Aero Flip 3D 效果图

6. 认识图标

　　图标是指在桌面上排列的小图像，它包含图形、说明文字两部分，如果把鼠标放在图标上停留片刻，桌面上会出现对图标所表示内容的说明或者是文件存放的路径，双击图标就可以打开相应的内容。

注：与以前的 Windows 版本不同的是，Windows 7 安装结束之后，安装程序只在桌面上自动产生"回收站"图标，而将"计算机""网上邻居"等程序图标放置在"开始"菜单中。

图标有普通图标和快捷方式图标之分。普通图标是 Windows 7 为用户设置的图标，快捷方式图标是用户自己设置的图标，快捷方式图标上有一个箭头标志，如图 2-44 所示。

创建图标快捷方式：

方法一：创建桌面快捷方式。

- 在桌面的空白位置右击，在出现的菜单中单击"新建"→"快捷方式"命令。
- 在"创建快捷方式"对话框的命令行文本框中单击"浏览"选择对象的位置，如图 2-45 所示。
- 依次单击"下一步"和"完成"按钮，此时桌面上出现了一个目标快捷图标，这样就有了一个新建快捷方式。

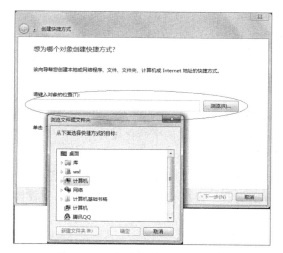

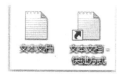

图 2-44　普通图标和快捷方式图标　　　　图 2-45　"创建快捷方式"对话框

方法二：拖放图标创建图标快捷方式。

- 打开"开始"菜单。
- 将鼠标指向图标，然后按住【Ctrl】键的同时按下鼠标左键，将其拖动到桌面上，这时一个快捷图标就会显示在桌面上。

方法三：在"开始"菜单中创建图标快捷方式（以"画图"图标为例）。

- 在"开始"菜单中的"画图"选项上右击并将其拖到桌面（拖到任何地方都可以）。
- 松开鼠标右键，出现图 2-46 所示的快捷菜单，选择在"在当前位置创建快捷方式"选项，快捷方式图标就会显示在桌面上，如图 2-47 所示。

图 2-46　"在当前位置创建快捷方式"菜单项　　　　图 2-47　"画图"快捷方式图标

7．设置个性化工作环境

1）添加桌面小工具

在桌面空白处右击，在弹出的快捷键菜单中选择"小工具"命令，如图 2-48 所示。打开"小工具"窗口，如图 2-49 所示，双击要添加的小工具，桌面上将出现某个小工具的图标。

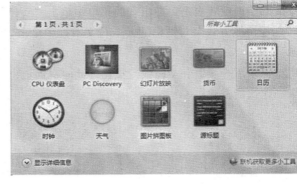

图 2-48　快捷键菜单　　　　　　　　　　　　　图 2-49　"小工具"窗口

2）为桌面设置一个个性化的背景

Windows 7 为我们提供的个性化设置选项还是很丰富的。在显示属性窗口中还可以进行很多个性化的桌面主题和背景设置。

在桌面空白处右击，在弹出的快捷键菜单中选择"个性化"命令，打开"个性化"窗口，如图 2-50 所示，选择"桌面背景"，打开"选择桌面背景"窗口，如图 2-51 所示，单击"浏览"按钮选择存放图片的位置，然后根据图片大小，选择适应的方式，最后单击"保存修改"按钮，新的桌面背景就设置好了。

图 2-50　"个性化"窗口

图 2-51　"选择桌面背景"窗口

3）为你的计算机设置一个屏幕保护程序

屏幕保护，最初的确是为了保护显示器，延长寿命，现在的屏幕保护已经远远超越原有的作用。闲暇之余，欣赏一下屏幕保护也是一件非常惬意的事。屏幕保护程序可在用户暂时不工作时屏蔽用户计算机的屏幕，这不但有利于保护计算机的屏幕和节约用电，还可以防止其他人在计算机上进行任意的操作，从而保证数据的安全。接下来我们试着给自己的计算机安装一些漂亮的屏幕保护程序。

在桌面空白处右击，在弹出的快捷键菜单中选择"个性化"命令，打开"个性化"窗口，如图 2-50 所示，选择"屏幕保护程序"，打开"屏幕保护设置"对话框，如图 2-52 所示，在"屏幕保护程序"下拉列表中进行屏幕保护程序显示效果的选择，在"等待"组合框中，设置等待时间，到达这个等待时间仍无人操作计算机则启动屏幕保护程序。

图 2-52　"屏幕保护程序设置"对话框

4）调整显示器的分辨率

分辨率是指单位面积显示像素的数量，调整显示器的分辨率可以改变监视器所能显示的信息数量。在"屏幕分辨率"选项中用户可以拖动小滑块来调整其分辨率。分辨率越高，在屏幕上显示的信息越多，画面就越逼真。

在桌面空白处右击，在弹出的快捷键菜单中选择"屏幕分辨率"命令，打开"屏幕分辨率"窗口，如图2-53所示。在"分辨率"下拉菜单中选择屏幕分辨率，通过拖动滑块来设置分辨率。

图2-53　"屏幕分辨率"窗口

5）用户账户管理

在实际生活中，多用户使用一台计算机的情况经常出现，而每个用户的个人设置和配置文件等均会有所不同。Windows 7系统支持多用户操作，可以设置多个用户账户并且为用户赋予不同的操作权限。当不同用户用不同身份登录时，系统就会应用该用户身份的设置，而不影响到其他用户的设置。

不同的用户对计算机使用的需求不同，系统将用户账户分为3种类型，并为不同的用户提供不同的计算机控制级别。Windows 7有强大的管理机制，可限制用户更改系统设置，以确保计算机的安全。

- 管理员账户。此类用户拥有最高级权限，可以在系统内进行任何操作，如更改安全设置、安装软件和硬件，或者更改其他用户账户等。
- 标准账户。此类用户可以使用计算机上安装的大多数程序和功能，但在进行一些会影响其他用户的操作时，要经过管理员许可。
- 来宾账户。这是Windows为临时用户所设立的账户类型，可供任何人使用，其权限也比较低。例如，来宾用户无法访问其他用户的个人文件夹，无法安装软硬件或更改系统设置等。

创建用户账户的操作如下：

- 单击"开始"→"控制面板"命令，打开"控制面板"窗口。

- 在分类视图下，单击"用户账户和家庭安全"选项，会弹出图 2-54 所示的"用户账户和家庭安全"窗口，在"用户账户"区域内选择"添加或删除用户账户"选项。

图 2-54　"用户账户和家庭安全"窗口

- 在弹出"管理账户"窗口内，列出了当前系统内的账户信息。在该窗口内单击"创建一个新账户"按钮，弹出"创建新账户"窗口，如图 2-55 所示。

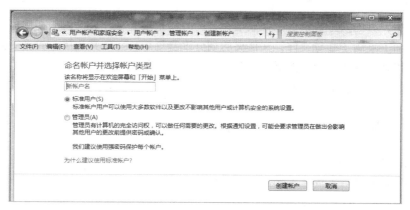

图 2-55　"创建新账户"窗口

更改账户操作：

- 在"用户账户"窗口中，选择"管理其他账户"选项，如图 2-56 所示。

图 2-56　"用户账户"窗口

- 在弹出的"用户账户"窗口中，在"管理账户"窗口中选择需要更改的账户，打开"更改账户"窗口，如图 2-57 所示。相应进行修改即可，如创建密码、删除账户等。

图 2-57   "更改账户"窗口

任务 3   管理 Windows 7 操作系统的文件和文件夹

任务情境

日常生活中，有的人办公桌上文件成堆，找的时候找不到，计算机内的文件也是放得乱七八糟，有的人桌面上堆满了临时文件，文件夹的划分没有规矩，文件又乱放，而且文件的版本也十分混乱，经常出现硬盘不够用的情况，一个文件存了很多份，而且复制了一堆无用的文件。事实上，我们真正需要的是好好花时间将计算机里的文件真正管理起来，为自己日后省下更多的时间。

任务分解

（1）认识文件和文件夹；
（2）熟悉文件和文件夹的基本操作。

任务实施

1. 认识文件和文件夹

1）文件

在计算机中，数据和程序都以文件的形式存储在存储器上。按照一定格式建立在外存储器上的信息集合称为文件。文件是计算机系统中数据组织的基本单位，文件系统是操作系统的一项重要内容，它决定了文件的建立、存储、使用和修改等各个方面的内容。

2）文件名

文件名即文件的名称，通过它可以了解到文件的主题或内容。文件名通常由主文件名和扩展名两部分组成，中间由小圆点间隔，如"歌曲.mp3"。

3）文件名的命名规则

- 主文件名可以由字符、汉字、数字及一些符号等组成，但文件名不能包含"/ \ : * ? < > |"等符号。
- 扩展名标示文件的类型。表 2-1 为常见的文件扩展名和文件类型。

表 2-1　文件扩展名和文件类型

扩 展 名	文 件 类 型	扩 展 名	文 件 类 型
.txt	文本文档/记事本文档	.doc、docx	Word 文档
.exe、.com	可执行文件	.xls、xlsx	电子表格文件
.hlp	帮助文档	.rar、.zip	压缩文件
.htm、.html	超文本文档	.wav、.mid、mp3	音频文件
.bmp、.gif、jpg	图形文档	.avi、.mpg	可播放视频文件
.int、.sys、.dll、.adt	系统文件	.bak	备份文件
.bat	批处理文件	.tmp	临时文件
.drv	设备驱动程序文件	.ini	系统配置文件
.mid	音频文件	.ovl	程序覆盖文件
rtf	丰富文本格式文件	.tab	文本表格文件
wav	波形声音	.obj	目标代码文件

4）文件夹

文件夹是文件的集合，用来分类组织存放文件。目前最流行的文件管理模式为树状结构，如图 2-58 所示。文件夹中可以存放文件，也可以存放其他的文件夹。每个文件夹都有自己的文件夹名，文件夹名没有扩展名，其命名规则与文件名的命名规则相同，我们可以遵循方便查找和使用的原则来给文件夹命名。

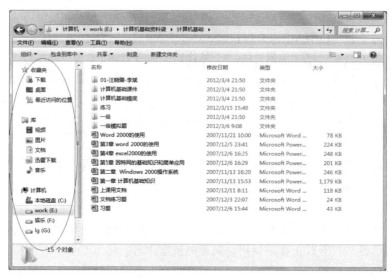

图 2-58　文件夹

2．熟悉文件和文件夹的基本操作

1）新建文件夹

● 在桌面上双击"计算机"图标，在打开的"计算机"窗口中双击"本地磁盘（E:）"项，打开硬盘驱动器 E，如图 2-59 所示。

● 单击工具栏上的"新建文件夹"按钮，系统将在 E 盘创建一个新的文件夹，如图 2-60 所示。

图 2-59　依次双击打开 E 盘窗口　　　　　图 2-60　新建文件夹项

以下是创建文件夹的其他方法。

只需在窗口的工作区空白处右击，在弹出的快捷菜单中单击"新建"→"文件夹"命令即可创建新的文件夹。

2）选择文件或文件夹

（1）选定一个文件或文件夹对象：单击即可。

（2）选定连续的多个对象有以下几种方法：

方法一：首先选定第一个对象，然后按住【Shift】键，再单击最后一个要选定的对象；

方法二：选定一个对象，然后按住【Shift】键，然后逐个单击要选定的对象；

方法三：选定一个对象，然后按住【Ctrl】键，然后逐个单击要选定的对象；

方法四：在文件夹内容窗格内，鼠标左键单击要选定的第一个对象旁的空白处，按住鼠标左键不放，拖动至最后一个文档即可。

（3）选定不连续的多个对象：选定一个对象，然后按住【Ctrl】键，然后逐个单击要选定的对象。

（4）选定全部对象。

方法一：同时按住【Ctrl+A】组合键；

方法二：在菜单栏中选择"编辑"→"全部选定"命令即可。

（5）撤销选定某个或某些对象：按住【Ctrl】键，然后单击要撤销选定的对象。

3）重命名文件或文件夹

当用户在计算机中创建了大量文件或文件夹时，为了方便管理，可以根据需要对文件或文件夹重命名。

选择要重命名的文件或文件夹并右击，在弹出的快捷菜单中选择"重命名"命令，直接输入新的文件或文件夹名即可。

操作提示：

● 命名文件和文件夹时，要注意在同一个文件夹中不能有两个名称相同的文件或文件夹。

● 如果文件已经被打开或正在被使用，则不能被重命名。

● 不要对系统中自带的文件或文件夹以及其他程序安装时所创建的文件或文件夹重命名，以免引起系统或其他程序的运行错误。

4）移动和复制文件或文件夹

操作提示：

方法一：使用右键快捷菜单。

● 选择要复制的文件和文件夹，然后右击，从弹出的快捷菜单中选择"复制"命令，如图 2-61 所示。

- 为被复制的文件或文件夹选定一个新的位置并右击，在弹出的快捷菜单中选择"粘贴"命令，则原文件或文件夹就出现在新的位置。

方法二：使用"组织"下拉菜单。

- 选中要复制的文件或文件夹，然后单击"组织"选项，从弹出的下拉列表中选择"复制"命令。
- 为被复制的文件或文件夹选定一个新的位置，然后单击"组织"选项，从弹出的下拉列表中选择"粘贴"命令。则原文件或文件夹就出现在新的位置，如图 2-62 所示。

图 2-61　在右键快捷菜单中选择"复制"命令　　　图 2-62　"组织"下拉菜单

方法三：使用组合键。

- 选中要复制的文件或文件夹，按【Ctrl+C】组合键可以复制文件。
- 为被复制的文件或文件夹选定一个新的位置，然后按【Ctrl+V】组合键粘贴文件。

方法四：使用鼠标拖动。

选中要复制的文件或文件夹，按住【Ctrl】键的同时按住鼠标左键不放将其拖放到目标区域，释放鼠标即可。

"移动"即"剪切"操作，方法和"复制"类似。

5）删除文件或文件夹

当文件或文件夹不用时，可将其删除，以释放其占用的磁盘空间，利于系统进行管理。

操作提示：

方法一：使用"组织"下拉菜单。

- 选中要删除的文件或文件夹，然后单击"组织"选项，从弹出的下拉列表中选择"删除"命令。
- 此时会弹出"删除文件夹"的对话框，单击"是"按钮，则将该文件夹发送到回收站中。

方法二：使用右键快捷菜单。

- 将鼠标指针移动到目标文件夹上。
- 在文件夹图标上右击以显示快捷菜单。

- 单击"删除"命令，在弹出的"删除文件夹"对话框中的"是"按钮，删除该文件夹，此时该文件夹发送到回收站中。

方法三：使用 Delete 键。

选中要删除的文件或文件夹，然后按【Delete】键，将直接弹出图 2-63 所示的"删除文件夹"对话框，单击"是"按钮，则将该文件夹发送到回收站中。

图 2-63　"删除文件夹"对话框

方法四：直接拖动法。

将鼠标指针移动到要删除的文件或文件夹上，按住鼠标左键将鼠标移动到回收站的图标上，然后释放鼠标左键。

需要提醒大家的是，放入回收站的文件并没有从计算机中彻底删除，仍然占有磁盘空间。如果需要彻底删除文件或文件夹，可以选定要删除的文件或文件夹，按快捷键【Shift + Delete】即可彻底删除该文件或文件夹。

6）使用回收站

（1）删除回收站中的文件。

- 双击打开"回收站"。
- 若要永久性删除某个文件，单击该文件，按【Delete】键，然后在弹出的对话框中单击"是"按钮。
- 若要删除所有文件，在工具栏上单击"清空回收站"，然后在弹出的对话框中单击"是"按钮。
- 也可用右键菜单的方式，在回收站图标上右击，出现图 2-64 所示的快捷菜单，单击"清空回收站"命令后在弹出的对话框中单击"是"按钮。

（2）撤销删除。向回收站中发送文件并不是单向的，每个人都可能因为误操作而删除很重要的文件。回收站可以帮助挽回这类错误。

- 双击"回收站"图标以显示回收站中的内容。
- 单击选定的文件。
- 右击并选择"还原"命令，如图 2-65 所示，选定的文件则被还原到它们原来的位置。

图 2-64　回收站快捷菜单

图 2-65　选择"还原"命令

（3）设置回收站的最大存储容量。如果想将回收站作为安全屏障，在其中保留所有删除的文件，则可以增加回收站的最大存储容量。

- 在桌面上，右击"回收站"，然后单击"属性"命令。
- 在"回收站位置"中，单击要更改的回收站位置（可能是 C 驱动器）。
- 单击"自定义大小"，然后在"最大大小（MB）"文本框中输入回收站最大存储容量（以兆字节为单位）。
- 单击"确定"按钮。

7）搜索文件或文件夹

有时候用户需要查看某个文件或文件夹的内容，却忘记了该文件或文件夹存放的具体位置或具体名称，这时候可以使用 Windows 7 为用户提供的搜索文件或文件夹的查找工具。Windows 7 提供了多种搜索文件或文件夹的方法。

（1）使用"开始"菜单搜索框。

- 单击"开始"按钮，打开"开始"菜单，在底部的框中输入关键字，搜索结果在输入关键字之后会立刻显示在"开始"菜单中，如图 2-66 所示。
- 如果在"开始"菜单中显示的搜索结果中没有要找的文件，可以单击"查看更多结果"选项，如图 2-67 所示。如果还没有找到目标文件，用户可以单击右图底部框中的选项，在以下范围内再搜索。

图 2-66　"开始"菜单中的"搜索"文本框

图 2-67　"开始"搜索框的搜索选项

（2）使用"计算机"窗口搜索。

- 打开"计算机"窗口，如图 2-68 所示，在窗口右上角的搜索框中输入查询的关键字即可进行搜索。如果想在某个特定的文件夹下进行搜索，必须先打开此文件夹。

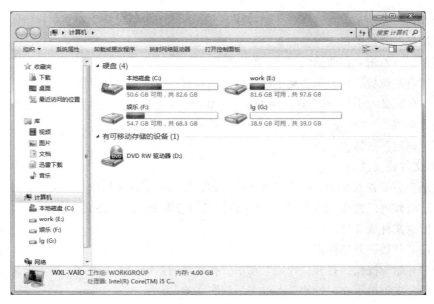

图 2-68 使用"计算机"窗口搜索

- 用户可以单击搜索框启动"添加搜索筛选器"选项，以此来缩小搜索范围，如图 2-69 所示。

图 2-69 使用"添加搜索筛选器"

8）隐藏文件或文件夹

Windows 7 为文件或文件夹提供了 2 种属性，即只读和隐藏，它们的含义如下：

只读：用户只能对文件或文件夹的内容进行查看而不能修改。

隐藏：在默认设置下，设置为"隐藏"的文件或文件夹将不可见，从而在一定程度上保护了文件资源的安全。

例如：将 D 盘中"计算机基础学习资料"文件夹设置为隐藏属性。

操作提示：

- 选择要设置隐藏属性的文件或文件夹并右击，在弹出的快捷菜单中选择"属性"命令，打开"属性"对话框，选中"隐藏"复选框，单击"应用""确定"按钮完成设置，如图 2-70 所示。
- 此时，弹出"确认属性更改"对话框，勾选"将更改应用于此文件夹、子文件夹和文件"单选按钮，然后单击"确认"按钮，如图 2-71 所示。

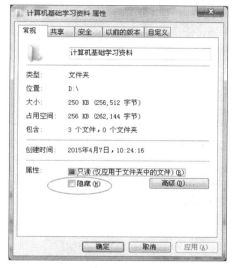

图 2-70　文件夹属性对话框

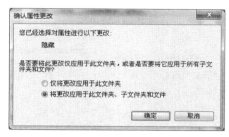

图 2-71　"确认属性更改"对话框

9）查看隐藏的文件或文件夹

文件或文件夹被隐藏后，如果想再次访问它们，则可以在 Windows 7 中开启查看隐藏文件功能。

操作提示：

- 打开"资源管理器"窗口，选择菜单栏中的"工具"→"文件夹选项"命令，如图 2-72 所示。

图 2-72　单击工具选项

- 在打开的"文件夹选项"对话框中，切换到"查看"选项卡。

- 在"高级设置"列表框中，向下拖动滚动条，选择"显示隐藏的文件、文件夹和驱动器"单选按钮，然后单击"确定"按钮，如图 2-73 所示。

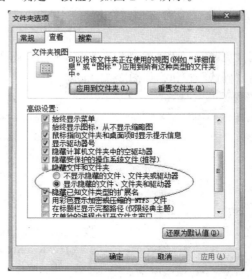

图 2-73　"文件夹选项"对话框

第3章 | 文字处理软件 Word 2010

Microsoft Office 2010 是微软推出新一代办公软件，开发代号为 Office14，实际是第 12 个发行版。该软件共有 6 个版本，分别是初级版、家庭及学生版、家庭及商业版、标准版、专业版和专业高级版，此外还推出 Office 2010 免费版本，其中仅包括 Word 和 Excel 应用。Office 2010 可支持 32 位和 64 位 Vista 及 Windows 7，仅支持 32 位 Windows XP，不支持 64 位 Windows XP。

微软新一代办公软件 Office 2010 于 2010 年 6 月正式上市，新版软件为大家带来了诸多惊喜：包括全新的界面、功能新颖的 PowerPoint、更强大的 Excel 以及无所不能的 OneNote 等，也是首次加入了网络化功能和支持 64 位系统，让用户随心所欲的工作，既可以通过 PC 使用，又可以通过 Web 使用，甚至在智能手机上也可以使用。

与之前的 Office 版本相比，Microsoft Office 2010 也增进了很多特性。其中一大变化首先是体现在界面上，新版的 Office 2010 采用了 Ribbon 新界面主题，界面更加简洁明快，更加干净整洁，并且标识也改为了全橙色，如图 3-1 所示；二是体现在功能上，新版的 Office 2010 做了很多功能上的改进，同时也增加了很多新的功能，特别是在线应用，可以让用户更加方便、更加自由地表达想法、解决问题以及与他人联系。

图 3-1　Office 2010 界面

Microsoft Office 2010 具有强大的文档处理功能，用户可以更加方便、迅速灵活地应用它。与办公室应用程序一样，它包括联合的服务器和基于互联网的服务。

Office 2010 主要应用程序的功能如下：

（1）Word 是 Office 中被用户使用最为广泛的应用软件，它的主要功能是进行文字（或文档）的处理。Word 2010 的最大变化是改进了用于创建专业品质文档的功能，提供了更加简单的方法来让用户与他人协同合作，使用户几乎从任何位置都能访问自己的文件。

具体的新功能有：全新的导航搜索窗口、生动的文档视觉效果应用、更加安全的文档恢复功能、简单便捷的截图功能等。

（2）Excel 称为电子表格，其功能非常的强大，可以进行各种数据的处理、统计分析和辅助决策操作，广泛地应用于管理、统计财经、金融等众多领域。最新的 Excel 2010 能够用比以往使用更多的方式来分析、管理和共享信息，从而帮用户做出更明智的决策。新的数据分析和可视化工具会帮用户跟踪和亮显重要的数据趋势，将用户的文件轻松上传到 Web 并与他人同时在线工作，而用户也可以从几乎任何的 Web 浏览器来随时访问重要数据。

具体的新功能如：能够突出显示重要数据趋势的迷你图、全新的数据视图切片和切块功能能够让用户快速定位正确的数据点、支持在线发布随时随地访问编辑它们、支持多人协助共同完成编辑操作、简化的功能访问方式让用户几次单击即可保存、共享、打印和发布电子表格等。

（3）PowerPoint 的主要功能是进行幻灯的制作和演示，可有效帮助用户演讲、教学和产品演示等，更多的应用于企业和学校等教育机构。最新的 PowerPoint 2010 提供了比以往更多的方法，能够为用户创建动态演示文稿并与访问群体共享。使用令人耳目一新的视听功能及用于视频和照片编辑的新增和改进工具可以让用户创作更加完美的作品。

具体的新功能如：可为文稿带来更多的活力和视觉冲击的新增图片效果应用、支持直接嵌入和编辑视频文件、依托新增的 SmartArt 快速创建美妙绝伦的图表演示文稿、全新的幻灯动态切换展示等。

任务 1　编辑简单文档

Word 2010 集文字的编辑、排版、表格处理、图形处理为一体，越来越广泛的应用于各种办公文件、商业资料、科技文章以及各类书信的文档编辑。在 Word 中可以制作一份简单的通知；在毕业时可以撰写自己的简历、可以加入自己的照片；可以书写论文、计划，同时还可以在编写的文档中加入声音、图像等以构成一个图文并茂的文件。在使用 Word 2010 工具编辑排版之前，先认识一下它的界面和基本操作。

1．Word 2010 常用的 3 种启动方法

方法一：选择"开始"按钮→"所有程序"→"Microsoft Office"→"Microsoft Office Word 2010"命令，如图 3-2 所示。

方法二：双击桌面上"Word 2010"快捷方式图标，如图 3-3 所示。

图 3-2　命令打开方式　　　　　　图 3-3　快捷打开方式

2．Word 2010 窗口结构

图 3-4 所示是打开的 Word 2010 的主界面。Word 2010 的操作界面主要有标题栏、选项卡、功能组、文档编辑区和状态栏 4 个部分。

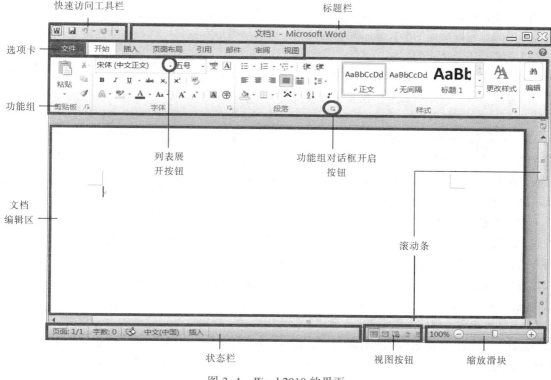

图 3-4　Word 2010 的界面

（1）标题栏：显示正在编辑的文档的文件名以及所使用的软件名。单击它可出现一个控制菜单，默认文件名为文档 1，右边 3 个按钮分别是"最小化"、"最大化/还原"、"关闭"按钮。

（2）快速访问工具栏：常用命令位于此处，例如"保存"和"撤销"。用户可根据自己的需要添加个人常用命令。

（3）选项卡：有文件、开始、插入、页面布局、引用、邮件、审阅和视图 8 个固定选项卡，还有一些要在选中特定对象后才显示的活动选项卡，单击各个选项卡均会显示多个功能组。

（4）功能组：包含于不同选项卡中，按同类用途的各种功能归类成组，每组由常用操作命令的图标按钮构成。

（5）功能组对话框开启按钮：打开一个功能对话框。

（6）列表展开按钮：黑色倒三角形状，展开某个功能按钮下的命令列表。

（7）"编辑"窗口：这是输入文本内容的区域，显示正在编辑的文档。在此区域内有一个闪烁的竖杠为插入光标，标识此位置为插入点，也就是将来输入字符的位置。此区域内另一个横杠是文本结束符，代表文档结束的位置。

（8）"视图"按钮：可用于更改正在编辑的文档的视图模式以符合用户的要求。

在使用 Word 编辑文档时，可能会需要用不同的方式来查看文档的编辑效果。因此，Word 提供了几种不同的查看方式来满足用户不同的需要，这就是 Word 的视图功能。

① 页面视图：Word 的页面视图方式即直接按照用户设置的页面大小进行显示，此时的显示效果与打印效果完全一致，用户可以从中看到各种对象（包括页眉、页脚、水印和图形等）在页

面中的实际打印位置，这对于编辑页眉和页脚，调整页边距，以及处理边框、图形对象的分栏都是很有用的。它以页面的形式显示编辑的文档，所有的图形对象都可以在这里完整地显示出来，因此也是平时用的最多的。

② 阅读版式视图："阅读版式视图"以图书的分栏样式显示 Word 2010 文档，"文件"按钮、选项卡等窗口元素被隐藏起来。在阅读版式视图中，用户还可以单击"工具"按钮选择各种阅读工具，

③ Web 版式视图：以网页的形式显示 Word 2010 文档，Web 版式视图的最大优点是联机阅读方便，适用于发送电子邮件和创建网页，它不以实际打印的效果显示文字，使段落自动换行以适应当前窗口的大小。在这种方式下，会发现原来换行显示两行的文本重新排列后在一行中全部显示出来，这是因为要与浏览器的效果保持一致。

④ 大纲视图：对于一个具有多重标题的文档而言，往往需要按照文档中标题的层次来查看文档，此时采用前面的视图方式就不太合适了，而大纲视图方式则正好可解决这一问题。大纲视图方式是按照文档中标题的层次来显示文档，用户可以折叠文档，只查看主标题，或者扩展文档，查看整个文档的内容，从而使用户查看文档的结构变得十分容易。在这种视图方式下，用户还可以通过拖动标题来移动、复制或者重新组织正文，方便用户对文档大纲的修改。

⑤ 草稿视图：草稿视图是 Word 最基本的视图方式，它可以显示完整的文字格式，但取消了页面边距、分栏、页眉页脚和图片等元素，仅显示标题和正文，是最节省计算机系统硬件资源的视图方式，因此这个视图通常用来进行文字的输入、编辑和查阅纯文字的文档等。

（9）滚动条：位于文档窗口的右侧和下方，可用于更改正在编辑的文档的显示位置。

（10）缩放滑块：可用于更改正在编辑的文档的显示比例设置。

（11）状态栏：显示正在编辑的文档的相关信息，如页码、字数等，另外它还显示一些特定命令的工作状态，如插入、改写以及当前使用的语言种类等。

任务情境

同学们进入大学有一段时间了，经过严格的军训后，开始上课了，接触了很多的老师和同学，对大学生活也渐渐熟悉起来。面对和中学时代完全不同的大学生活，开始感到迷茫了，他们不知道该如何吸收课堂上海量的信息和知识，也不知道如何安排课余生活，更不清楚该为自己将来步入社会准备些什么。在大学刚开始时，应该做些规划，有了规划，接下来的生活就会有目标，按照既定的目标去努力，大学时代才会充实。本任务就带领大家尝试着使用 Word 2010 进行简单的文档编辑，写下对未来几年大学生活的规划。

在完成任务中将会用到新建文档；在空白文档中输入文字和符号；选中某一部分文档；字体格式的设置；拼写和语法检查；文档退出和保护等操作。

任务分解

（1）启动 Word 2010，创建新文档；

（2）输入内容；

（3）对文字进行字形、字体、字号、颜色等的修饰；

（4）检查拼写和语法；

（5）保存关闭文档；

（6）保护文档。

任务实施

1. 启动 Word 2010，创建新文档

启动 Word 2010 应用程序后，Word 自动创建一个名称为"文档 1"的空白文档。如果要创建新的文档，可以使用下面 3 种方法：

方法一：按【Ctrl+N】组合键。

方法二：单击"文件"选项卡中的的"新建"按钮。

2. 输入内容

在打开的空白 Word 文档中输入文字。从光标闪烁的位置开始输入，把对未来大学生活的规划和想法输入到编辑区，如图 3-5 所示。

我是社会体育专业大一的学生，我将未来几年的大学生活规划如下：

1. 大学一年级

了解大学生活，查看学校周围环境。让自己尽快适应大学的学习方法和环境；了解专业知识，了解专业前景，了解大学期间应该掌握的技能以及以后就业所需要的证书；多参加学校及班级举办的活动，提高自己各方面的能力及胆量，并交到更多的朋友。

学好英语和计算机。在这个信息高度发达的社会，计算机已成为了日常生活中不可缺少的一部分，计算机的运用不仅可以提高我们的工作效率，而且是我们了解外界信息的窗口，在互联网上，我们可以了解很多情况，比如：大家喜欢什么样的体育活动，需要什么样的器材，还可以在网上与生产厂家直接订货，也可以在网上出售产品，所以好的计算机技术是我们取得成功的有利因素。本人打算在完成学校的计算机学习之外，还要参加计算机培训，提高自己的计算机技术，争取在大学一下学期的，通过计算机等级考试。

2. 大学二年级

熟悉掌握专业课知识，尽最大的努力考英语 4 级，考一些跟自己的专业有关有用的证书。因为自己很喜爱网球，要多了解这方面的知识，坚持练习网球，努力提高网球技术。此外还要经常到健身房去，观察学生们喜爱的体育活动，自己也可以锻炼出健美的身体，对自己的体育器材公司的创办有很大的好处，可以在运动中找到志同道合的朋友。

3. 大学三年级

着重提高自己的工作能力、交际能力、动手能力和环境适应能力，同时极锻炼自己独立解决问题的能力和创造性；参加一些学校和社会的活动，提高自己的实战能力。尽量多的去了解社会，体验兼职，积累工作经验；积极参加招聘活动，强化求职技巧，在实践中检验自己的积累和准备。

图 3-5　在 Word 2010 中输入文字

操作提示：

（1）在 Word 2010 中输入文本时，默认情况下，中文字体为"宋体"，英文为"Times New Roman"，字体为"五号"。

（2）输入过程中，请保留文本原始状态不变。即如果是一整段文字，让文字在每行录满之后自动换行。

（3）每段开头的空格可以按"空格"键进行空格，如需要另起一段，按【Enter】键进行换行。

3. 对文字进行字形、字体、字号、颜色等的修饰

可以通过 Word 2010 中的一些命令，把刚才输入的文字美化。具体方法如下：

（1）选中文档中的第一行文字"我是社会体育专业大一的学生，我将未来几年的大学生活规划如下："。

操作提示：

① 用光标拖动选择文本。在文本编辑状态下，用光标"｜"在要选择的文本开始处单击，并按住鼠标左键不放，然后向文本结束位置拖动，光标经过的文本会有高亮显示，表示这些文本被选中。在要选择文本结束处释放鼠标，如图3-6所示。

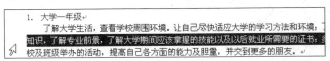

图3-6　选中指定文字

② 整行文本的选择。如需对整行文本进行选择，则可以移动鼠标光标到此文本的左侧空白处，待光标变成空心箭头"↗"时单击，即可选择此整行，如图3-7所示。

图3-7　选中整行文字

③ 词组的选择。用鼠标直接在文本上双击，可以选择双击处文本左右相邻文本组成的一个词组，如图3-8所示。

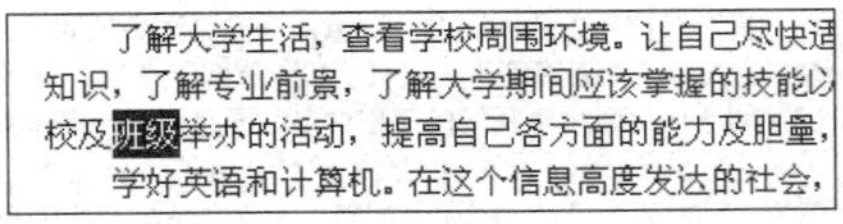

图3-8　选中词组

④ 段落的选择。用鼠标在文本上单击三次，可以选择与此文本相关的整段文本，如图3-9所示。

图3-9　选中段落

⑤ 整个文档的选择。在"开始"选项卡中，从"选择"命令的下拉列表中选择"全选"选项，可以选定全篇文本。

（2）打开"开始"选项卡，单击"字体"功能组的对话框开启按钮，或者右击文本，在弹出的快捷菜单中选择"字体"命令，均弹出"字体"对话框。

（3）在弹出的"字体"对话框中分别选择"中文字体"中的"宋体"，"字形"中的"加粗"，"字号"中的"四号"，"颜色"中的"红色"，如图3-10所示。

也可以直接在选项卡中设置字体的格式。

（4）用以上方法选中其他段落，对其字体、字形、字号、颜色、字符间距、文字效果等进行设置，如图3-11和图3-12所示。

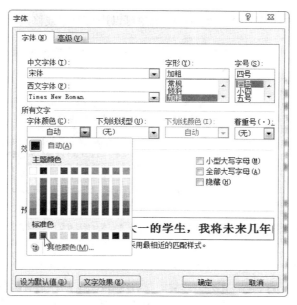

图 3-10　"字体"对话框

图 3-11　字符间距的设置　　　　　图 3-12　文字效果的设置

（5）如有需要，可以尝试"字体"对话框中设置字体的下画线、着重号和其他特殊效果，如图 3-13 所示。

4．检查拼写和语法

至此，基本上完成了对文档中字体的设置。Word 2010 中关于文档修订的一个强大的功能就是"拼写和语法"功能，借助该功能可以快速检查出 Word 文档中存在的拼写错误或语法错误。

例如英文单词的拼写错误、标点符号的错误用法都能准确捕获到。对于有疑问的地方会标示出彩色的波浪线提请用户注意，针对这些疑问用户可以进行忽略或修改处理。

我是社会体育专业大一的学生，我将未来几年的大学生活
规划如下：

1. 大学一年级
　　了解大学生活，查看学校周围环境。让自己尽快适应大学的学习方法和环境；了解专业知识，了解专业前景，了解大学期间应该掌握的技能以及以后就业所需要的证书；多参加学校及班级举办的活动，提高自己各方面的能力及胆量，并交到更多的朋友。
　　学好英语和计算机。在这个信息高度发达的社会，计算机已成为了日常生活中不可缺少的一部分，计算机的运用不仅可以提高我们的工作效率，而且是我们了解外界信息的窗口，在互联网上，我们可以了解很多情况。比如：大家喜欢什么样的体育活动，需要什么样的器材，还可以在网上与生产厂家直接订货，也可以在网上出售产品，所以好的计算机技术是我们取得成功的有利因素。本人打算在完成学校的计算机学习之外，还要参加计算机培训，提高自己的计算机技术，争取在大学一下学期的，通过计算机等级考试。
2. 大学二年级
　　熟悉掌握专业课知识，尽最大的努力考英语4级，考一些跟自己的专业有关有用的证书。因为自己很喜爱网球，要多了解这方面的知识，坚持练习网球，努力提高网球技术。此外还要经常到健身房去，观察学生们喜爱的体育活动，自己也可以锻炼出健美的身体，对自己的体育器材公司的创办有很大的好处，可以在运动中找到志同道合的朋友。
3. 大学三年级
　　着重提高自己的工作能力、交际能力、动手能力和环境适应能力，同时积极锻炼自己独立解决问题的能力和创造性；参加一些学校和社会的活动，提高自己的实践能力。尽量多的去了解社会，体验兼职，积累工作经验；积极参加招聘活动，强化求职技巧，在实践中检验自己的积累和准备。

图 3-13　设置特殊效果后的文字

操作提示：

在 Word 文档中将光标定位到任意位置，然后单击"审阅"选项卡中的"拼写和语法"按钮，弹出"拼写和语法"对话框。Word 将从光标当前位置开始检查，并报告发现的第一个疑问。用户确认必须修改时，可以在错误提示框中直接修改，并单击"更改"按钮。如果没有必要更改则单击"忽略一次"或"全部忽略"按钮继续检查。

5．保存文档

文档的输入和编辑完成或暂时结束后，需要及时将该文档保存。

1）初次保存

操作提示：

在 Word 2010 的快速访问工具栏中依次单击"保存"按钮，如图 3-14 所示。

或者单击"文件"选项卡中的"保存"按钮，如图 3-15 所示，弹出"另存为"对话框。然后在"文件名"编辑框中输入文件名称，在"保存位置"下拉列表中选择 Word 文档的保存位置，如图 3-16 所示，设置完毕后单击"保存"按钮即可。

图 3-14　单击"保存"按钮　　　　　图 3-15　保存按钮

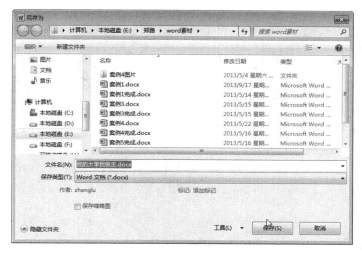

图 3-16　"另存为"对话框

2）另存为

操作提示：

对于事先已经执行过保存操作的 Word 2010 文档，如果经过编辑修改后需要保存为一个新的 Word 文档，则可以在"文件"选项卡中单击"另存为"按钮，在"另存为"对话框中重新选择保存位置或重新命名即可。

3）后续保存

操作提示：

对于事先已经执行过保存操作的 Word 2010 文档，如果只需要对最新做出的编辑修改进行保存，则只需要依次单击"文件"选项卡中的"保存"按钮，或者单击快速访问工具栏中的"保存"按钮即可。

4）保存并发送

操作提示：

Word 2010 的新增功能允许用户把制作好的文档发送到网上共享。单击"文件"选项卡中的"保存并发送"按钮，再选择发送方式即可。

6．保护文档

有些文档在制作好之后，如果不希望被其他人看到或者修改，就可以为该文档设置密码将其保护起来。

操作提示：

（1）打开需要保护的文件，在"文件"选项卡中选择"信息"→"保护文档"→"用密码进行加密"选项，弹出"加密文档"对话框，如图 3-17 所示。

（2）在"密码"文本框中分别输入密码，密码可以是字母、数字和符号，最多不能超过 15 个字符。单击"确定"按钮后再次输入密码进行确认，既把刚才输入的密码再输入一遍，如图 3-18 所示。

（3）如果需要取消密码，重复刚才的操作，设置密码为空值即可。

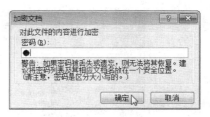

图 3-17 选择"用密码进行加密"选项   图 3-18 "加密文档"对话框

任务 2   制作邀请函

任务情境

　　邀请函的用途非常广泛，如参加会议、生日派对、结婚典礼、节日庆典等，都需要向亲朋好友发邀请函，告诉他们具体的时间、地点、活动主题等关键事项。学期开始了，酒店管理专业的同学准备开一次主题班会，并要求所有的任课老师参加，他们需要给每位任课老师发一份精致的邀请函。本任务就利用 Word 2010 进行合理排版，在一张 A4 纸上排版出两份一模一样的邀请函，如图 3-19 所示。在完成任务中将会用到文本的复制、粘贴；段落的设置；文档的分栏；页面设置；文档背景设置等操作。

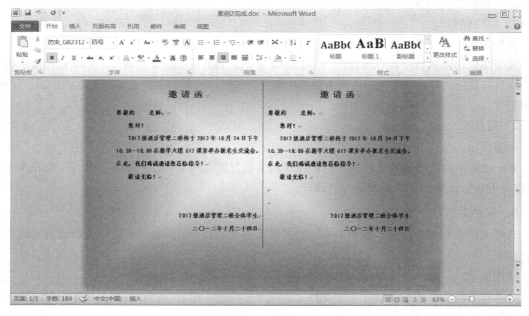

图 3-19 邀请函

任务分解

　　（1）编写邀请函；
　　（2）设置邀请函的字体格式；

（3）设置邀请函的段落格式；

（4）制作两份邀请函；

（5）在页面中排版；

（6）设置邀请函的背景。

 任务实施

1. 编写邀请函

新建一个 Word 文档，在文档编辑区编写一份邀请函，如图 3-20 所示。

> 邀请函
> 尊敬的　　老师：
> 您好！
> 2012 级酒店管理二班将于 2012 年 10 月 24 日下午 14:30—18:00 在教学大楼 617 课室举办新老生交流会。在此，我们竭诚邀请您莅临指导！
> 敬请光临！
> 2012 级酒店管理二班全体学生
> 二〇一二年十月二十四日

图 3-20　编写邀请函

2. 设置邀请函的字体格式

（1）在"开始"选项卡中，通过"字体"和"段落"功能组的按钮，设置标题"邀请函"字体为二号宋体，"加粗"并居中，如图 3-21 所示。

图 3-21　设置段落格式

（2）单击"字体"功能组对话框开启按钮，在"字体"对话框中设置"邀请函"的字符间距为 4 磅。

操作提示：

"磅值"的设置，可以通过上、下数值箭头选择，也可以直接输入，如图 3-22 所示。

图 3-22　设置字符间距

（3）选中除标题外的其他字体，并设置为四号宋体。

3. 设置邀请函的段落格式

（1）设置标题段的"段前"、"段后"间距，以增加标题段和正文的间距。

操作提示：

① 选中标题段。

② 单击"段落"功能组对话框开启按钮，弹出"段落"对话框，在"增进和间距"选项卡中的"间距"选项中，设置"段前"和"段后"都为"1行"，如图 3-23 所示。

（2）设置问候语的段落格式。按照中文编辑的习惯，每段的第一行应空出 4 个空格。"您好"前应空出两个汉字的位置。

操作提示：

① 把光标定位在"您好"前面，连续敲 4 个空格符（2 个汉字字符）。

② 也可以通过"特殊格式"下拉列表中的首行缩进 2 个字符来实现，如图 3-24 所示。

 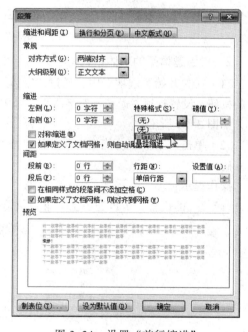

图 3-23　设置段前段后间距　　　　图 3-24　设置"首行缩进"

（3）设置正文的段落格式都为"首行缩进"2 个字符。如果将要设置的段落格式和之前的段落格式相同，可以使用"剪贴板"功能组中的"格式刷"按钮，快速设置文字或段落格式。"格式刷"工具可以在同一个文档中操作，也可以在不同文档中操作。

操作提示：

① 选中"您好！"这一段，如图 3-25 所示。

② 单击"格式刷"按钮，如图 3-26 所示。

图 3-25　选中"您好"　　　　　图 3-26　单击"格式刷"工具

③ 将鼠标放在正文前面，如图 3-27 所示，单击并拖动鼠标直到段落末尾，然后释放鼠标。正文部分就被设置成和"您好"段同样的格式，如图 3-28 所示。

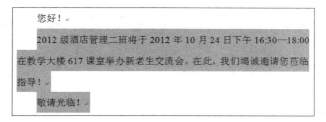

图 3-27　用"格式刷"设置其他段落格式

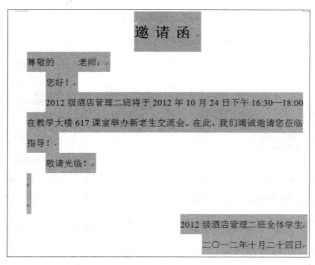

图 3-28　设置好后的效果

（4）选中"署名和日期"部分，设置为"右对齐"。

4．制作两份邀请函

制作两份相同的邀请函，可以使用"复制"文本的方法。通过 Word 2010 中的"复制"和"粘贴"命令完成操作。

（1）选取整个"邀请函"文本内容，如图 3-29 所示。

图 3-29　选中整个"邀请函"文本内容

（2）文档中复制一份。可选择以下任何一种复制文档的方法：

方法一：选择"开始"选项卡，单击"剪贴板"功能组中的"复制"按钮，如图 3-30 所示。

方法二：选中要复制的内容后，在文本上右击，选择快捷菜单中的"复制"命令，如图 3-31 所示。

方法三：按快捷键【Ctrl+C】组合键完成复制操作。

图 3-30　功能组中的"复制"按钮　　　　图 3-31　快捷菜单中的"复制"命令

（3）在"邀请函"文本下方的空白处，"粘贴"出一份一模一样的"邀请函"。

操作提示：

① 和执行"复制"命令的前两种方法相同。

② 按快捷键【Ctrl+V】组合键完成复制操作。

5．在页面中排版

为了制作出来的邀请函比较小巧、精致，需要充分合理地利用空间，把两份"邀请函"排版在一张 A4 纸上，然后从中间剪开。在排版中会用到 Word 2010 的"页面布局"、"分栏"、"插入分栏符"等命令。

（1）页面设置。为了充分利用版面空间和达到更好的视觉效果，将文档的页面方向设置为"横向"。

操作提示：

① 选择"页面布局"选项卡，如图 3-32 所示。

② 在"页面设置"功能组中单击"纸张方向"→"横向"选项，如图 3-33 所示。

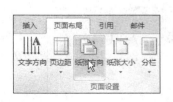

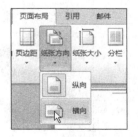

图 3-32　选择"页面布局"选项卡　　　　图 3-33　设置纸张方向

（2）编辑页面时，如有需要，还可以用"页面布局"功能组的命令按钮对文档的"文字方向"、"页边距"、"纸张大小"等进行设置。

（3）将文档分成两栏。复制后的文档无法在一个页面中排版，因此，接下来需要将页面分成两栏才能更加充分的利用空间。可以应用 Word 2010 中的"分栏"命令来实现。

操作提示：

① 将光标定位在文档中的任意位置。（如果只是对文档中的某一部分文本进行分栏则需要选中该部分的文本）

② 选择"页面布局"选项卡，在"页面设置"功能组中选择"分栏"→"两栏"选项，如图 3-34 所示，即把整个文档中的文本分成等宽的两栏。

③ 也可以选择"更多分栏"选项，在弹出的"分栏"对话框中，选择"两栏"选项，根据排版或者阅读的需要，设置偏左或者偏右，而且可以在"宽度和间距"中设置分栏的"宽度"和"间距"，添加"分隔线"等，如图 3-35 所示，调整好后单击"确定"按钮即可。

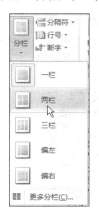

图 3-34　选择"两栏"选项

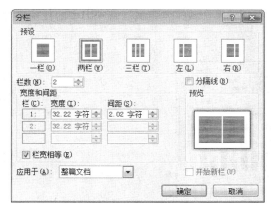

图 3-35　将页面分成"两栏"

（4）插入分栏符。为了准确定位分栏的起始位置，需要插入"分栏符"。在两个"邀请函"文本之间插入分栏符，就可以将两个"邀请函"对称地排版在这页 A4 纸中。

操作提示：

① 将光标定位在要分栏的位置，即第 2 份邀请函的起始处。在"页面布局"选项卡中单击"页面设置"功能组中的"分隔符"按钮，如图 3-36 所示。

② 在其下拉列表中选择"分栏符"选项，如图 3-37 所示。两份邀请函就对称地排版在页面上了。

图 3-36　单击"分隔符"按钮

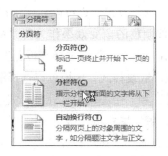

图 3-37　选择"分栏符"选项

6. 设置邀请函的背景

以上我们已经完成了邀请函的页面排版。为了让邀请函视觉效果更好，更有表现力，可以给它设置页面背景颜色。需要注意的是，Word 2010 文档的页面背景颜色仅仅在计算机中可以显示出来，而不会被打印出来。

（1）光标定位在文档中的任意位置。

（2）选择"页面布局"选项卡，在"页面背景"功能组单击"页面颜色"下拉按钮，选择合适的背景颜色即可，如图 3-38 所示。选择"无颜色"命令可以删除当前文档的背景颜色。

操作提示：

① 如果当前"主题颜色"面板中的颜色不合适，可以单击"其他颜色"按钮，弹出"颜色"对话框，选择"标准"或"自定义"选项卡中的任何颜色进行设置，如图 3-39 所示。

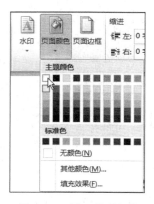

图 3-38　设置背景颜色

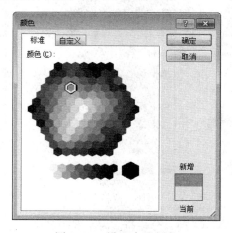

图 3-39　设置自选颜色

② 也可以单击"填充效果"按钮，对背景进行填充效果设置。打开"填充效果"对话框，有"渐变"、"纹理"、"图案"和"图片"4 个选项卡，分别能设置出不同的填充效果。

③ "渐变"选项卡：在"颜色"区域，可以选择"单色"、"双色"和"预设"3 种形式的渐变颜色。其中"单色"表示使用一种颜色的渐变效果作为背景颜色，可以在"颜色 1"下拉列表中选择一种颜色，并拖动"深—浅"滑块调整渐变效果；"预设"效果中包含有多种 Word 2010 内置的渐变颜色方案，也可以在"预设颜色"下拉列表中选择合适的渐变颜色方案。"双色"表示使用两种颜色的渐变效果作为背景颜色，这里使用"双色"效果：分别在"颜色 1"中选择"浅黄"，在"颜色 2"中选择"橙色"，如图 3-40 所示。

④ 在"底纹样式"区域可以选择渐变颜色的角度，包括"水平"、"垂直"、"斜上"、"斜下"、"角部辐射"和"中心辐射"几种样式。这里选择"中心辐射"，并在"变形"区域选择第一个变形效果。设置完毕单击"确定"按钮即可应用文档页面背景的渐变效果。

⑤ 如有需要，还可以在"纹理"选项卡中设置纹理效果，如图 3-41 所示。

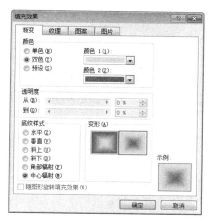

图 3-40　设置渐变效果

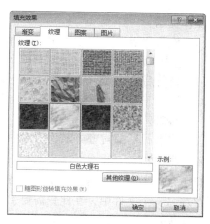

图 3-41　设置纹理

任务 3　制作篮球比赛的宣传海报

任务情境

走在大学校园里，随处可以看到主题鲜明、五颜六色、设计新颖的宣传海报，关于学术报告，关于讲座论坛，或是课外活动等。新的学期已经开始一段时间了，新生们也渐渐融入了大学生活，为了促进新生和老生之间的交流，学生会准备组织一系列迎新生篮球比赛。本任务就利用 Word 2010 制作一个篮球比赛的宣传海报，如图 3-42 所示。在完成任务中将会用到在 Word 文档中插入图片、图形、特殊符号、文本框、艺术字等操作。

任务分解

（1）新建文档，编写海报标题；

（2）插入文件；

（3）插入特殊符号；

（4）应用文本框；

（5）插入图片；

（6）插入自选图形；

（7）插入艺术字；

（8）设置海报背景。

任务实施

图 3-42　篮球比赛宣传海报

1. 新建文档，编写海报标题

在文档中输入"'新生杯'广州体育职业技术学院篮球友谊赛"，并设置字体的格式，如图 3-43 所示。

操作提示：

（1）输入"新生杯"，并设置为"华文彩云"，字号为"小一"号，"外部向右偏移阴影"，"加粗"；颜色为"深蓝，文字 2，深色 25%"。

（2）换行后输入"广州体育职业技术学院篮球友谊赛"，其中"广州体育职业技术学院"设置为"幼圆"、"三号"；"篮球友谊赛"设置为"幼圆"、"小二"、"加粗"，字体颜色均为"深蓝，文字 2，深色 25%"。

（3）设置标题的对齐方式为"居中"。

2．插入文件

接下来需要简单介绍一下比赛的背景、时间地点、赛程安排、主办单位等信息，这部分文字已经存在另一个文件中，在此只需要引用即可，即在标题下面插入此文件。

操作提示：

（1）选择"插入"选项卡，在"文本"功能组单击"对象"下拉按钮，在其下拉列表中选择"文件中的文字"选项，如图 3-44 所示。

图 3-43　编辑海报标题　　　　图 3-44　选择"文件中的文字"选项

（2）在弹出的"插入文件"对话框中，找到需要的文件"篮球比赛.docx"，如图 3-45 所示，然后单击"插入"按钮，即完成文件的插入。

图 3-45　"插入文件"对话框

3．插入特殊符号

在文档排版过程中，为了视觉美观，或者起到提示效果，会在某些文字前面加上一些特殊符号。本任务需要在比赛的时间、地点和 3 个赛程前面分别插入特殊符号。

操作提示：

（1）打开"特殊符号"列表。

方法一：切换到某一种中文输入法，右击输入法的软键盘按钮，如图 3-46 所示，在弹出的快捷菜单中选择"特殊符号"命令，如图 3-47 所示。

图 3-46　右击软键盘按钮　　　　　　图 3-47　选择"特殊符号"命令

　　方法二：将光标定位在需要插入特殊符号处，选择"插入"选项卡，单击"符号"功能组中"符号"下拉列表中的"其他符号"选项。

（2）在弹出的"符号"对话框中（见图 3-48）选择"符号"选项卡，在"子集"下拉列表中选择"几何图形符"，从打开的几何图形符号中选择"☆"、"★"即可。

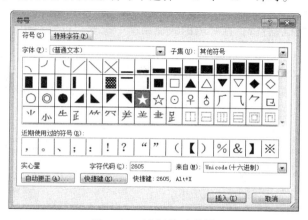

图 3-48　选择特殊符号

4．应用文本框

　　文本框是可移动、可改变大小的文本或图片的容器。通常在编辑版式比较复杂的文档时，需要精确控制文档中文字或图画的位置时，可以使用文本框。在文本框中添加文字或图画后，再将文本框拖到文档的任意位置，以实现对文字或图画的定位。通过在文档中插入不同的文本框，可大大增加文档排版的灵活性。

　　需要在文档中插入 4 个文本框分别来编辑"比赛背景介绍"、"时间地点"、"赛程安排"、"主办单位"的内容，这里以"赛程安排"为例。

（1）插入文本框，编辑"赛程安排"部分的内容。

操作提示：

① 选择要应用文本框的文本，即"赛程安排"部分，如图 3-49 所示。

② 选择"插入"选项卡，在"文本"功能组中单击"文本框"下拉列表中的"绘制文本框"选项，如图 3-50 所示。

③ 调整文本框的大小和位置，调整好的效果如图 3-51 所示。

图 3-49　选择文本　　　　图 3-50　选择"绘制文本框"选项　　图 3-51　调整后的文本框

（2）设置文本框的格式。

操作提示：

① 选定文本框。

② 打开"设置形状格式"对话框。

方法一：选中文本框后双击，选择"格式"选项卡，单击"形状样式"功能组对话框开启按钮，如图 3-52 所示。

方法二：选中文本框后右击，在弹出的快捷菜单中选择"设置形状格式"命令，如图 3-53所示。

在弹出的"设置形状格式"对话框中选择"填充"选项卡，如图 3-54 所示。在右侧打开的"填充"选项中，选择填充效果，这里选择"图案填充"选项，并设置"前景"为"浅橙"如图 3-55 所示。

图 3-52　单击对话框启动按钮　　　　　图 3-53　选择"设置形状格式"命令

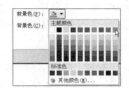

图 3-54　设置文本框格式　　　　图 3-55　设置文本框填充效果

分别在"设置形状格式"对话框中设置"线型"（见图 3-56），以及"线条颜色"、"发光和柔化边缘"、"阴影"等选项。设置后的效果如图 3-57 所示。

图 3-56　设置线条格式

图 3-57　设置后的效果

（3）设置文本框中文本的字体、段落格式。

操作提示：

① 将标题部分"赛程安排"设置为"三号"、"黑体"、"加粗"、"蓝色，强调文字颜色 1，深色 25%"；内容部分设为"宋体"、"四号"、"加粗"、"蓝色，强调文字颜色 1，深色 25%"。

② 段落格式为"左对齐"排列，排好后如图 3-57 所示。

③ 把文本框放到合适的位置。

（4）用以上的方法，分别为"比赛背景介绍"、"时间地点"、"主办单位" 3 部分文字添加没有边框和底纹的文本框。

5．插入图片

一份完整的文档中，图片素材的应用能增强文档的艺术性和表现力。在 Word 2010 文档中插入图片，可以是计算机硬盘上存储的图片，也可以是 Word 本身自带的剪贴画，屏幕截图以及来自扫描仪、数码照相机等外围设备的图片。本任务从剪贴画中搜索出和海报主题"篮球"相关的一些剪贴画。

1）插入和海报主题相关的剪贴画

剪贴画是 Word 程序附带的一种矢量图片，包括人物、动植物、建筑、科技等各个领域，精美而且实用，有选择地在文档中使用它们，可以起到非常好的美化和点缀作用。

操作提示：

（1）将光标定位在需要插入图片处，选择"插入"选项卡，在"插图"功能组中单击"剪贴画"按钮，如图 3-58 所示。在 Word 编辑窗口的右边，出现了"剪贴画"任务窗格，如图 3-59 所示。

（2）在搜索文字中里输入"篮球"，剪贴画的图片列表中会出现很多与篮球有关的图片，从中选取一些图片，单击即可完成剪贴画的插入。

图 3-58　单击"剪贴画"按钮　　　　图 3-59　"剪贴画"任务窗格

2）调整剪贴画的大小和位置

操作提示：

（1）选中图片后右击，在弹出的快捷菜单中选择"大小和位置"命令，如图 3-60 所示。在"布局"对话框中，选择"文字环绕"选项卡，将图片的环绕方式设置为"四周型"，如图 3-61 所示。

图 3-60　选择"设置图片格式"命令　　　　图 3-61　设置图片的环绕方式

① 嵌入型：是插入图片时默认的效果。

② 四周型：无论图片是否为矩形图片，文字将以矩形方式环绕在图片四周。

③ 紧密型：文字以矩形方式环绕在图片周围。

④ 穿越型：如果图片是不规则图形，文字将紧密环绕在图片四周。

⑤ 上下型：文字置于图片的上、下位置。

⑥ 衬于文字下方：图片在下、文字在上，文字会覆盖图片。

⑦ 浮于文字上方：图片在上、文字在下，图片会覆盖文字，与"衬于文字下方"相反。

（2）图画四周会出现 8 个空心圆点或方块，即"图片控制点"（把鼠标放在 8 个图画控制点上和放在图画中间的形状是不同的）。把鼠标放在不同的控制点上，拖动鼠标，即可对图片的大小进行调整，如图 3-62 所示。

（3）拖动图片，把它放在合适的位置。

3）组合图片

有时会在一个文档中插入多个小图片共同组成一个大的图片，为了固定这些小图片之间的位置和距离，通常把这些小图片组合在一起。

操作提示：

按住【Ctrl 键】的同时选中需要组合的图片，在选中的一组图片上右击，从弹出的快捷菜单中选择"组合"命令。组合起来的图片就变成一个整体了，可

图 3-62　调整图片大小

以整体移动位置或改变大小，如图 3-63 所示。

图 3-63 组合成一个整体的图片

6．插入自选图形

切换到"插入"选项卡，使用"插图"功能组中的"形状"按钮可以在文档中绘制各种形状的图形，包括线条、矩形、圆形、连接符、标注等。

1）绘制自选图形

操作提示：

（1）单击"插图"功能组中的"形状"下拉按钮。

（2）选择所需的类型及该类中所需的图形。本任务选择"星与旗帜"中的"爆炸形 1"，如图 3-64 所示。

（3）选中图形后，将鼠标指针移动到要插入图形的位置，此时，鼠标变成十字形，如图 3-65 所示。按住鼠标左键拖拽鼠标即可绘制图形，如图 3-66 所示。默认情况下，插入的自选图形版式为"浮于文字上方"，选中后，可随意拖动或旋转。

图 3-64 选择"爆炸形 1"

☆时间：2012 年 10 月 25-27 日 16:00
☆地点：东区篮球场

图 3-65 准备绘图

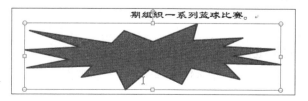

图 3-66 绘制图形

2）设置自选图形的形状样式

操作提示：

（1）选中刚才绘制的自选图形，在图形上的任意位置双击，弹出"绘图工具格式"选项卡，单击"形状样式"功能组对话框开启按钮，弹出"设置形状格式"对话框，如图 3-67 所示。

（2）设置"线条颜色"为"实线"、"黄色"。

（3）设置"填充"效果为"渐变填充"，"预设颜色"、"类型"、"渐变光圈"等，如图 3-68 所示。

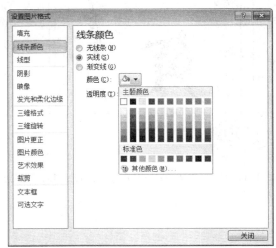

图 3-67　"设置形状格式"对话框　　　　　图 3-68　设置填充效果

3）设置自选图形的叠放次序

当前的自选图形把"比赛时间地点"文本框覆盖住了，需要调整它的叠放次序，让文本框的内容显露出来。

操作提示：

选择绘制的自选图形，右击，在弹出的快捷菜单中选择"置于底层"→"衬于文字下方"命令，如图 3-69 所示，这时，文字就显现出来了，如图 3-70 所示。

图 3-69　选择"衬于文字下方"命令　　　　图 3-70　设置好叠放层次的效果

4）把文本框和自选图形组合起来

为了使文本框和自选图形作为一个整体进行调整位置和大小，可以把它们组合起来。方法和组合几个图片相同。

5）用同样的方法，添加一个"笑脸"图形，如图 3-71 所示。并设置其格式，让它起到装饰文本的作用，设置好的效果如图 3-72 所示。

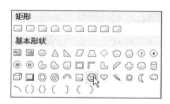

图 3-71　添加"笑脸"

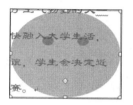

图 3-72　设置的笑脸图形

7．插入艺术字

艺术字在 Word 中的应用极为广泛，它是一种具有特殊效果的文字，比一般的文字更具艺术性，因此，在编辑排版文章时，往往需要使用到艺术字来实现某种特殊效果。排版好海报的主体部分之后，可以在文档中添加一行艺术字来增强海报的美观性。

1）插入艺术字

操作提示：

（1）将光标定位在文档任意处。

（2）选择"插入"选项卡，在"文本"功能组中单击"艺术字"下拉按钮，在其下拉列表中选择适合的样式，如图 3-73 所示。

（3）输入艺术字的内容"精彩，不容错过……"，如图 3-74 所示。

图 3-73　选择艺术字样式

精彩，不容错过……

图 3-74　输入艺术字内容

2）设置艺术字的格式

根据排版需要，可以使用"格式"选项卡中的"艺术字样式"功能组设置艺术字的形状、色彩、阴影、发光等效果。

操作提示：

（1）选择艺术字，在"艺术字样式"功能组中设置艺术字的文本填充、文本轮廓、文字效果等样式，分别如图 3-75～图 3-77 所示。

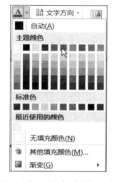

图 3-75　设置艺术字的文本填充

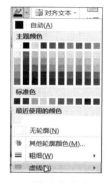

图 3-76　设置艺术字的文本轮廓

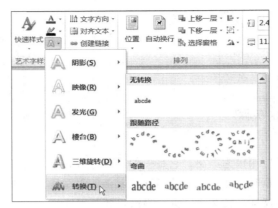

图 3-77　选择艺术字的文字转换效果

（2）设置艺术字的文本发光和柔化边缘效果，如图 3-78 所示。

（3）设置后的效果如图 3-79 所示，将艺术字拖动到合适的位置即可。

图 3-78　设置艺术字的文本发光和柔化边缘效果　　　　　图 3-79　设置后的效果

8．设置海报背景

参照上个任务中的方法，选择"页面布局"选项卡，通过"页面背景"功能组中的"页面颜色"按钮，为海报设置合适的渐变效果颜色。

任务 4　制作游泳培训班的宣传单

任务情境

走在街上，常常会收到一些别人散发的宣传单，如店铺开张、产品推介、旅游咨询、外语培训，运动健身等。作为一种重要的宣传手段，宣传单在商业应用中非常广泛。本任务需要利用 Word 2010 中图文混编的功能，在一张 A4 纸上排版出一份图文并茂的游泳培训班宣传单，如图 3-80 所示。在完成任务中将会用到页面设置、文档的分栏、首字下沉、插入图片、图形、特殊符号、文本框、艺术字等操作。

图 3-80 游泳培训班的宣传单

任务分解

（1）设置文档的页面格式；

（2）将文档分栏；

（3）设置文档的字体和段落格式；

（4）插入项目符号和编号；

（5）设置页面背景；

（6）插入并编辑图片和图形；

（7）插入并编辑文本框；

（8）插入并编辑艺术字。

任务实施

1. 设置文档的页面格式

操作提示：

新建 Word 文档"宣传单"，打开该文档后，选择"页面布局"选项卡，在"页面设置"功能组的"纸张方向"下拉列表中选择"横向"选项，如图 3-81 所示；并在"纸张大小"下拉列表中选择"其他页面大小"选项，弹出"页面设置"对话框，将页面的上、下边距都设为"3 厘米"，如图 3-82 所示。

2. 将文档分栏

把宣传单的文档内容排版成三栏，左、右两栏排版文字部分，中间一栏排版图片。

操作提示：

（1）选择"页面设置"功能组"分栏"下拉列表中的"三栏"选项，如图 3-83 所示，将页面平均分成"三栏"。

（2）选择"分栏"下拉列表中的"更多分栏"选项，弹出"分栏"对话框，取消选择"分隔符"复选框，如图 3-84 所示。

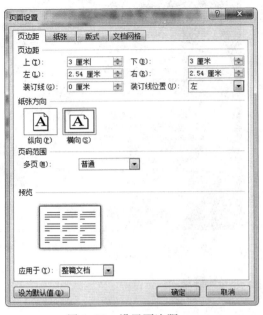

图 3-81　选择"横向"选项

图 3-82　设置页边距

图 3-83　执行分栏操作

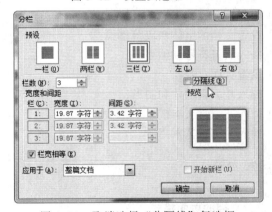

图 3-84　取消选择"分隔线"复选框

（3）将光标定位在"一、招生对象"前面，选择"页面设置"功能组中的"分隔线"下拉列表中的"分栏符"选项，如图 3-85 所示。

（4）重复上一步的操作，将"一、招生对象"后面的内容排版在第三栏中，分栏后的效果如图 3-86 所示。

3．设置文档的字体和段落格式

操作提示：

（1）将左边一栏的字体设置为"幼圆"、"小四号"。

（2）设置左边一栏的行间距为"1.5 倍"。

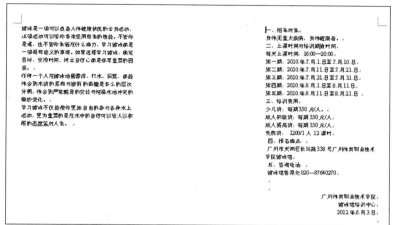

图 3-85　插入分栏符　　　　　　　　　图 3-86　分栏后的效果

（3）将光标定位在第一段前面，选择"插入"选项卡，在"文本"功能组中单击"首字下沉"下拉按钮，如图 3-87 所示。

（4）选择下拉列表中的"下沉"选项，如图 3-88 所示，为第一段设置一个"首字下沉"的特殊格式，如图 3-88 所示。

（5）设置第二段和第三段文字的段落格式为"首行缩进 2 个字符"。

图 3-87　单击"首字下沉"下拉按钮　　　　图 3-88　设置首字下沉的格式

（6）将右边一栏的 5 个标题分别设置为"黑体"、"小四号"、"加粗"，其余字体默认设置。

（7）"署名"部分设置为"右对齐"。

4．插入项目符号和编号

项目编号可使文档条理清楚和重点突出，提高文档编辑速度，因而深受用户的喜爱。为了让"培训费用"一项的分类条目更加清晰，在每一类前面加上"项目符号"。

操作提示：

（1）选择需要加项目符号和编号的文本，如图 3-89 所示。

（2）打开"开始"选项卡，在"段落"功能组中单击"项目符号"下拉按钮，如图 3-90 所示。

（3）打开"项目符号库"，如图 3-91 所示，可以从中选择项目符号。

（4）也可以单击"定义新项目符号"按钮，在弹出的"定义新项目符号"对话框（见图 3-92）中单击"符号"按钮，弹出"符号"对话框（见图 3-93），从中选出符合需要的项目符号即可。

图 3-89　选择文本

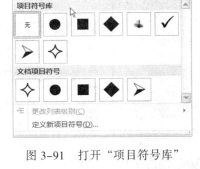

图 3-91　打开"项目符号库"

图 3-90　选择"项目符号和编号"命令

图 3-92　选择"定义新项目符号"命令

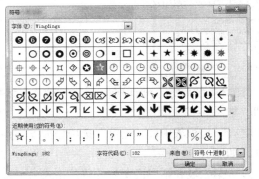

图 3-93　"符号"对话框

5．设置页面背景

设置页面背景是用一种统一的色调来实现，为了让宣传单的背景更有层次感和艺术性，可以在自选图形中选择不同图形，并分别设置成多种色彩，然后组合在一起，形成页面的背景。

操作提示：

（1）切换到"页面布局"选项卡，在"页面背景"功能区中单击"页面颜色"下拉按钮，从其下拉列表中单击"其他颜色"按钮，弹出"颜色"对话框，从色盘中选择"浅绿色"，先将整个页面背景设置为"浅绿色"，如图 3-94 所示。

（2）选择"插入"选项卡，在"插图"功能组中单击"形状"下拉按钮，在下拉列表中选择"基本图形"中的"新月形"，如图 3-95 所示，在文档中绘出图形。

图 3-94　设置页面背景颜色

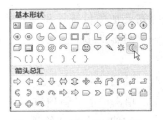

图 3-95　选择"新月形"

（3）通过调整图形周围白色的"控制点"，调整图形的大小、形状和位置。将图形放置在页面的左边，形成一个弧形把文档中的文字部分圈起来，如图 3-96 所示。

图 3-96　调整后的弧形

（4）选中图形，单击"形状样式"功能组对话框开启按钮，在"设置形状格式"对话框中设置其"填充"颜色为"水绿色"，"线条颜色"为"无线条"，如图 3-97 所示。

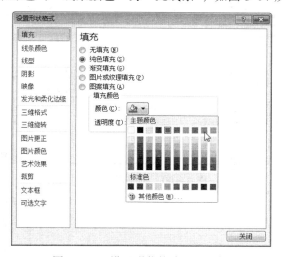

图 3-97　"设置形状格式"对话框

（5）复制刚制作好的图形，将图形旋转 180°。

方法一：将鼠标放在图形中绿色的"旋转控制点"上，如图 3-98 所示，拖动鼠标，使图形旋转 180°。

方法二：在"设置形状格式"对话框中，选择"三维旋转"选项卡，将"X"轴的旋转角度设置为 180°，如图 3-99 所示。

（6）用鼠标拖动图形到页面右边，形成和左边图形相呼应的弧形，如图 3-100 所示。

（7）选择"插入"选项卡，在"插图"功能组单击"形状"下拉按钮，在其下拉列表中，选择"基本图形"中的"弧形"，如图 3-101 所示，在页面右边绘制出一条弧线，与之前的弧线构成一个"月牙形"，如图 3-102 所示。

图 3-98　拖动鼠标旋转图形　　　　　　　　　图 3-99　设置旋转角度

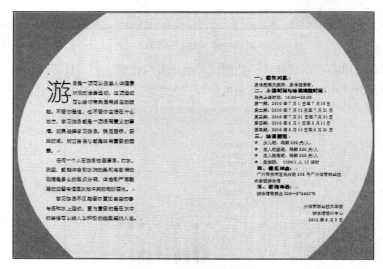

图 3-100　调整后的图形

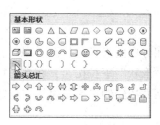

图 3-101　选择弧形

图 3-102　绘制弧形

（8）设置"弧形"的颜色为"浅蓝色"，线型为"3 磅"的实线，如图 3-103 所示。

（9）同时选中以上 3 个图形，把它们组合成一个图形。

图 3-103　设置弧形的颜色和线条

6．插入并编辑图片和图形

把之前准备好的关于学院游泳馆的 3 张图片排版在中间一栏，并配合图形和文本框，让看到宣传单的人对游泳培训班的情况一目了然。

1）插入剪贴画

操作提示：

（1）按【Enter】键，把第一栏文字下移 3 行，把光标定位在第一栏上面，选择"插入"选项卡，在"插图"功能区单击"剪贴画"按钮，打开"剪贴画"任务窗格。

（2）在"搜索"文本框中输入"游泳"，在图片列表中选择合适的剪贴画，双击即可插入到文档中。

（3）将剪贴画的"版式"设为"四周型"，并调整剪贴画的大小，放置在第一栏最上面。

2）插入图片

操作提示：

（1）将光标定位在中间一栏，在"插图"功能组单击"图片"按钮，如图 3-104 所示，弹出"插入图片"对话框。

（2）从"查找范围"下拉列表中找出图片的存放位置，选择需要的图片，如图 3-105 所示，单击"插入"按钮。

图 3-104　单击"图片"按钮

图 3-105　选择文件中的图片

（3）选中刚才插入到文档中的图片，右击，在弹出的快捷菜单中选择"大小和位置"命令，如图 3-106 所示。

（4）在弹出的"布局"对话框中选择"大小"选项卡，将图片的宽度设为"4.5 厘米"，并选择"锁定纵横比"复选框，如图 3-107 所示。

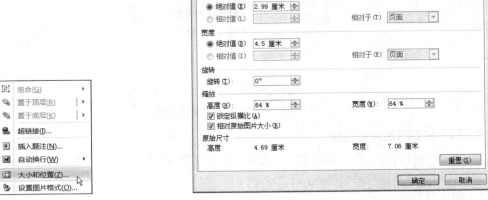

图 3-106　选择"大小和位置"命令　　　　图 3-107　设置图片大小

（5）切换到"文字环绕"选项卡，如图 3-108 所示，把图片的环绕方式设为"四周型"，并用鼠标拖动图片，将图片放在合适的位置。

（6）用同样的方法，把其余两张图片也插入到文档中，并设置图片的大小、位置和格式。

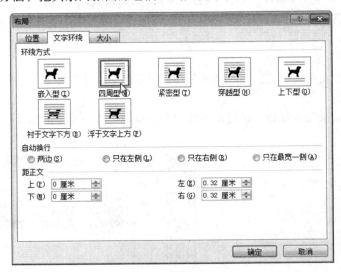

图 3-108　设置图片环绕方式

3）插入图形

操作提示：

（1）选择"插入"选项卡，在"插图"功能组中选择"形状"下拉列表中的"矩形"选项，绘制 3 个矩形，分别把 3 张图片"框"在 3 个矩形里面，并设置矩形的线条颜色为"橙色"，无填充颜色，线型为"4.5 磅"实线。

（2）在"形状"下拉列表中选取 3 个图形，分别放在每张图片上作为装饰。

（3）在"格式"选项卡中，用"形状样式"功能组的按钮和命令来编辑图形的填充颜色、线条、发光及阴影等格式，如图 3-109 所示。调整好的效果如图 3-110 所示。

图 3-109　设置图形格式　　　　　　图 3-110　加上装饰图形后的效果

（4）仿照以上方法，在"形状"下拉列表中选择"椭圆"，在第一张图片的左侧画一个椭圆形，并设置椭圆形的填充和线条样式，填充颜色为"白色"，线条为"黄色"，线型为"4.5 磅"单实线。

（5）把设置好格式的椭圆形复制两份，分别放在第二张和第三张图片的旁边，如图 3-111 所示。

（6）用相同方法绘制椭圆，将第一栏的第一个字"游"圈起来，起到突出、醒目的作用。调整椭圆和文字的格式，如图 3-112 所示。

4）绘制图形

可以选择"形状"下拉列表中的"梯形"、"椭圆"和"弧线"，组合成一个"小喇叭"的形状，并设置大小、颜色等样式，放在页面左下角，如图 3-113 所示。

图 3-111　绘制椭圆　　　　图 3-112　字体效果　　　　图 3-113　小喇叭

7．插入并编辑文本框

配合图形插入相应的文本框，对图片进行简单的文字介绍，让看到宣传单的人对游泳馆内的设施和服务情况有更清楚的了解。

（1）插入文本框，编辑"游泳池介绍"部分的内容。

操作提示：

① 选择"插入"选项卡，在"文本"功能组中"文本框"下拉列表中的"简单文本框"，如图 3-114 所示，在编辑区插入一个文本框。

② 在文本框中输入文字"曾用作亚运会训练场馆的恒温游泳池"，并设置字体为"幼圆"、"五号"。

③ 用鼠标拖动文本框，将其放在第一个椭圆上。

④ 调整文本框的大小，使文字部分刚好放在椭圆内。

⑤ 把文本框设置为透明。即"颜色"为"无填充颜色"，"线条"为"无线条颜色"，设置后的效果如图 3-115 所示。

图 3-114　选择"简单文本框"选项　　　　图 3-115　文本框效果

（2）用以上的方法，插入两个文本框，分别编辑"换衣间介绍"和"教学介绍"部分的内容，并分别放在其余两个椭圆上。

（3）在右边一栏"月牙形"里面插入 9 个文本框。

操作提示：

① 在每个文本框中分别输入"清凉暑假，快乐一起来"9 个字，设置字体颜色为"蓝色"、"华文新魏"、"二号"。

② 把文本框沿着左侧的蓝色弧线排版。

③ 把 9 个文本框组合成一个图形。

8. 插入并编辑艺术字

在页面的上方和下方最醒目的位置，可以插入两行艺术字，把宣传单的关键信息突出显示出来。

操作提示：

选择"插入"选项卡，在"文本"功能组单击"艺术字"按钮，在其下拉列表中选择艺术字样式，分别在页面上方和下方编辑"游泳培训班"、"开始招生啦!!!"、"报名前 30 名有优惠哦～～" 3 组艺术字，如图 3-116 所示。并设置它们的格式，调整好位置。

图 3-116　插入艺术字后的效果

任务 5　制作毕业生个人简历

任务情境

个人简历是求职者给招聘单位发的一份简要介绍。包含自己的基本信息：姓名、性别、年龄、民族、籍贯、政治面貌、学历、联系方式，以及自我评价、工作经历、学习经历、荣誉与成就、求职愿望、对这份工作的一些理解等。个人简历是给用人单位的第一印象，因此一份优质的个人简历对于获得面试机会至关重要。

Word 2010 不仅可以进行文本、图片等的排版，还可以处理表格。相对于文本而言，表格能够更加简洁、清晰、直观地表达信息。本任务就利用 Word 2010 中的表格处理功能制作一份个人简历，如图 3-117 所示。在完成任务中将会用到 Word 中表格的制作和修饰方法。

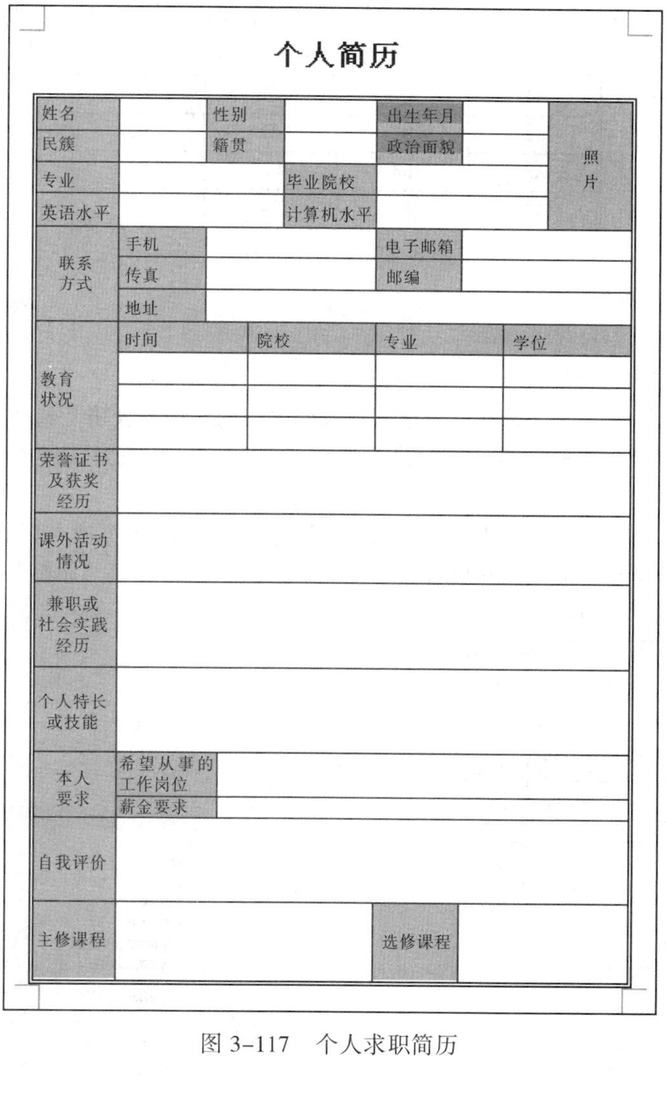
个人简历

姓名		性别		出生年月		照片
民族		籍贯		政治面貌		
专业		毕业院校				
英语水平		计算机水平				
联系方式	手机		电子邮箱			
	传真		邮编			
	地址					
教育状况	时间	院校	专业	学位		
荣誉证书及获奖经历						
课外活动情况						
兼职或社会实践经历						
个人特长或技能						
本人要求	希望从事的工作岗位					
	薪金要求					
自我评价						
主修课程		选修课程				

图 3-117　个人求职简历

 任务分解

（1）建立表格；
（2）执行表格简单操作；
（3）设置表格格式；
（4）设置单元格中内容的对齐方式。

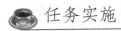 任务实施

1. 建立表格

在 Word 2010 中，表格有多个行和列组成，行和列交汇就形成"单元格"。单元格是表格中存储信息的基本单位。我们用"A、B、C、D……"等英文字母来命名表格中的"列"，用"1、2、3、4……"等阿拉伯数字来命名表格中的"行"，那么"单元格"的名称就由列名和行名组合而成，例如"D2"指的是第 2 行第 4 列的单元格，如图 3-118 所示。

A1	B1	C1	D1
A2	B2	C2	D2
A3	B3	C3	D3
A4	B4	C4	D4

图 3-118　单元格名称

1）在文档中新建表格

操作提示：

（1）启动 Word 2010，新建一个 Word 文档。

（2）选择"插入"选项卡，选择"表格"下拉列表中的"插入表格"选项，如图 3-119 所示。

（3）在弹出的"插入表格"对话框中设置列数为"7 列"，行数为"19 行"，其他参数不变，如图 3-120 所示。

（4）把光标定位在第一个单元格中，按【Enter】键，即在表格上方插入一个空行用于输入文本。

（5）输入"个人简历"标题，并设置其字体为"宋体"、"二号"、"加粗"；段落间距为段前段后"自动"；对齐方式为居中。

图 3-119　选择"插入表格"选项　　　　图 3-120　设置表格的行和列

2）在表格中输入内容

表格中文字的编辑方法和在 Word 文档中文字编辑方法相同。

操作提示：

在单元格中输入相应的信息：姓名、性别、联系方式等。

2．执行表格简单操作

表格的基本操作包括在表格中插入行或列，删除行或列，对单元格进行合并与拆分等。接下来需要根据实际情况来调整"个人简历"中的行或列。

1）插入行

在编辑表格过程中，如需要增加一行，可以通过"插入行"来实现。

操作提示：

方法一：选中某一行，右击。在弹出的快捷菜单中选择"插入"→"在下方插入行"命令，如图 3-121 所示，即在该行的下面插入一行。

图 3-121　用快捷菜单命令插入行

方法二：将光标定位在某一个单元格上，选择"布局"选项卡，单击"行和列"功能组中的"在下方插入"按钮，如图 3-122 所示，就会在该单元格的下方插入一行。

方法三：将光标定位在某个单元格上，单击"行和列"功能组对话框开启按钮，弹出"插入单元格"对话框，如图 3-123 所示，选择"活动单元格下移"，或者"整行插入"选项。

图 3-122　用按钮插入行

图 3-123　"插入单元格"对话框

2）插入列

插入列的方法和插入行的方法类似。

3）删除行

编辑表格过程中，如果现有表格的行数过多，需要删除，可以通过以下方法"删除行"。

方法一：选中要删除的行，右击，在弹出的快捷菜单中选择"删除行"命令，如图 3-124 所示。

图 3-124　用快捷菜单删除行

方法二：将光标定位在要删除行中的某一个单元格上，选择"行和列"功能组中"删除"下拉列表中的"删除列"选项，如图 3-125 所示，即删除该行。

方法三：选择"行和列"功能组中"删除"下拉列表中的"删除表格"选项，在弹出的"删除单元格"对话框中选择"下方单元格上移"或者"删除整行"，如图 3-126 所示。

图 3-125   选择"删除行"选项   图 3-126   "删除单元格"对话框

4）删除列

删除列的方法和删除行的方法类似。

5）合并单元格

在制作表格中，常常需要将一些单元格合并，例如"个人简历"中，需要将第 7 列的 1、2、3、4 行合并成一个大的单元格来放照片。

操作提示：

（1）选择需要合并的单元格。

（2）单击"布局"选项卡中的"合并单元格"按钮，如图 3-127 所示，完成单元格的合并。用类似的方法将表格总需要合并的单元格合并起来。

6）拆分单元格

有时又需要将一个大的单元格拆分成若干个小的单元格。

操作提示：

（1）选中要拆分的单元格

（2）单击"布局"选项卡中的"拆分单元格"按钮，如图 3-127 所示。

（3）在弹出的"拆分单元格"对话框中，设置拆分的列或行，如图 3-128 所示。

图 3-127   单击"拆分单元格"按钮   图 3-128   "拆分单元格"对话框

3．设置表格的格式

经过以上的操作，表格制作部分已经基本完成，为了达到更好的审美效果，接下来对表格的格式进行适当的调整。

1）调整表格的行高和列宽

方法一：如果需要将行高和列宽设置为一个精确的数值，可以精确设置行高和列宽。

操作提示：

（1）选择基本信息部分的单元格，即前 11 行，在"表"功能组单击"属性"按钮，如图 3-129 所示。在弹出的"表格属性"对话框中，设置"行"选项卡中的"指定高度"为"0.8 厘米"，如图 3-130 所示。

图 3-129　单击"属性"按钮

（2）选择"列"选项卡，即可设置表格的列宽。

（3）也可以在选中单元格后右击，在弹出的快捷菜单中选择"表格属性"命令，如图 3-131 所示，同样可以打开"表格属性"对话框。

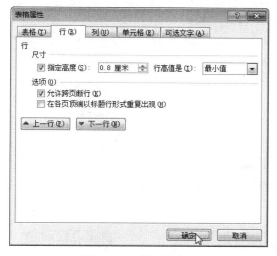

图 3-130　设置行高

图 3-131　选择"表格属性"命令

方法二：有时需要粗略地调整行高和列宽，而不需要设置成具体的值，这时可以通过用鼠标拖动"行"或"列"边线的方法来实现。

操作提示：

将鼠标定位在行或列的边线上，等光标变成 ↟ 时，按住鼠标左键不放，直到拖动边线到合适的位置释放鼠标，如图 3-132 所示。

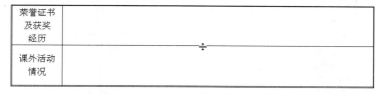

图 3-132　拖动鼠标改变行高

2）设置边框和底纹

需要将信息提示部分的单元格设置为"灰色"，表格外边框为"深蓝色 1.5 磅双实线"，内边框为"红色 1 磅单实线"。

操作提示：

（1）选中需要添加底纹的单元格，选择"设计"选项卡，如图 3-133 所示。

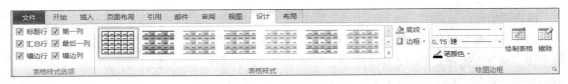

图 3-133 "设计"选项卡

（2）在"表格样式"功能组中单击"底纹"下拉按钮，在其下拉列表中设置颜色为"灰色 25%"，如图 3-134 所示。

（3）单击"绘图边框"功能组对话框开启按钮，弹出"边框和底纹"对话框，选择"边框"选项卡，将"设置"选择为"自定义"，如图 3-135 所示，然后按照"样式"、"颜色"、"宽度"的顺序依次设置他们的参数值。

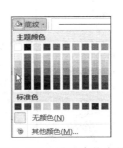

图 3-134 设置表格底纹　　　　　　　　图 3-135 设置表格边框

（4）在预览图形中，单击需要添加边框的边线即可。

除了上述方法以外，还可以在"边框"下拉列表中选择"边框和底纹"选项，如图 3-136 所示，以及通过选中表格后右击，在弹出的快捷菜单中选择"边框和底纹"命令，如图 3-137 所示。

图 3-136 "边框"下拉列表　　　　　　　图 3-137 快捷菜单

4．设置单元格中内容的对齐方式

把表格的宽度和高度拉大之后发现单元格中的内容需要设置对齐方式才能比较美观。系统默认的对齐方式为"左对齐"，可以根据排版的需要更改表格内容的对齐方式。

操作提示：

（1）选中需要调整对齐方式的单元格。

（2）右击，在弹出的快捷菜单中选择"单元格对齐方式"命令。

（3）单元格中的内容有 9 种空间位置的对齐方式，根据需要选择即可，如图 3-138 所示。

图 3-138　设置单元格对齐方式

任务 6　对毕业论文进行排版和打印

任务情境

对于即将毕业的大学生们而言，用 Word 完成毕业论文将是他们迈出校门之前的最后一门课程。论文的质量包含着两个方面的内容，一方面是论文的构思、结构、内容及观点；另一方面是论文的排版质量。在毕业论文（见图 3-139）撰写过程中常遇到的如目录、页眉、页脚、脚注、尾注等问题，本任务将会给出以上问题的解决方法，使毕业论文的撰写和排版更高效。本任务中将会用到 Word 中制作目录、插入页眉页脚、脚注尾注等的方法。

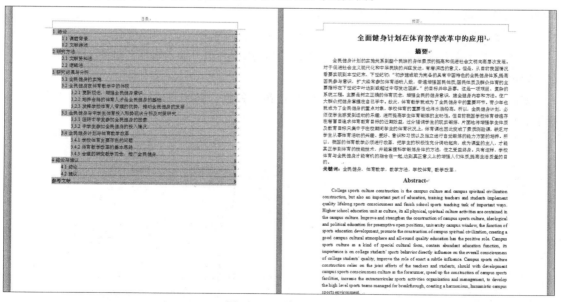

图 3-139　毕业论文

任务分解

（1）编辑论文字体和段落格式；

（2）插入脚注；

（3）应用文档样式和格式；

（4）编制论文的目录；

（5）更新论文的目录；

（6）设置页眉和页脚；

（7）审阅。

 任务实施

1. 编辑论文字体和段落格式

按照之前学习的文档编辑方法，排版论文的字体和段落格式。

2. 插入脚注

在写毕业论文的过程中会参考一些文献，为了保护知识产权和表示对他人劳动成果的尊重，就需要在文中引用他人的观点、研究成果等的地方加上说明，可以用"脚注"或"尾注"的方法标示出来。

"脚注"一般位于页面的底部，可以作为文档某处内容的注释；"尾注"一般位于文档的末尾，列出引文的出处等。

"脚注"和"尾注"由两个关联的部分组成，包括注释引用标记和其对应的注释文本。可让Word 自动为标记编号或创建自定义的标记。

（1）论文的标题加上脚注。

方法一：选择"引用"选项卡，在"脚注"功能组中单击"插入脚注"按钮，如图 3-140 所示，即可在页面底部插入脚注。

方法二：单击"脚注"功能组对话框开启按钮，弹出"脚注和尾注"对话框，如图 3-141 所示。

图 3-140 单击"插入脚注"按钮

图 3-141 "脚注和尾注"对话框

操作提示：

① 在"脚注和尾注"对话框中，如选择"尾注"选项，可以插入尾注。

②　在"编号方式"下拉列表中选择"连续"选项，Word 就会给所有脚注或尾注连续编号，当添加、删除、移动脚注或尾注引用标记时重新编号。

③　如果要自定义脚注或尾注的引用标记，可以在"自定义标记"文本框中输入作为脚注或尾注的引用符号。如果键盘上没有这种符号，可以单击"符号"按钮，从"符号"对话框中选择一个合适的符号作为脚注或尾注即可。

④　单击"确定"按钮后，就可以开始输入脚注或尾注文本，如图 3-142 所示。

图 3-142　插入脚注

（2）同样的方法，为文中其余需要标示的地方插入脚注。

（3）文中为引文部分设置"上标"。

在撰写论文的过程中，一般会参考一些资料，文中引用别人的观点、看法或研究成果的地方都需要标示出来。而"致谢"部分通常会在论文的最后面出现，如果引文部分用"尾注"不太方便排版，可以在文中需要标示出引用他人研究成果的地方用"上标"的方式标示出来。

操作提示：

①　选中引文部分的编号。

②　打开"字体"对话框，在"效果"选项组中选择"上标"，如图 3-143 所示。或者直接在"字体"功能组单击"上标"按钮即可，如图 3-144 所示。

图 3-143　设置字体"上标"

图 3-144　"字体"功能组

3. 应用文档样式和格式

完成了对论文的基础排版后，还需要对论文中的标题及正文应用不同的"样式"进行设置。

在撰写论文中使用了三级标题，可以使用"开始"选项卡中的"样式"功能组按钮比较快速地设置标题的格式，通常情况可以直接选择默认的样式设置标题及正文的格式。如果样式不符合要求，还可以创建新样式，或在原有样式的基础上进行修改。

1）修改"标题"样式

操作提示：

（1）打开"开始"选项卡，"样式"功能组显示了 3 个默认"样式"，分别是"标题"、"标题1"和"副标题"，如图 3-145 所示。

（2）右击"标题"按钮，从快捷菜单中选择"修改"命令，如图 3-146 所示。

图 3-145　默认样式　　　　　　　　　　图 3-146　修改"样式"命令

（3）在弹出的"修改样式"对话框中，设置名称为"标题 1"，字号为"三号"，"左对齐"，如图 3-147 所示。

（4）用同样的方法，修改"标题1"和"副标题"的样式，将分别设置"标题2"、"小三号"，和"标题3"、"四号"，修改后的"样式"功能组如图 3-148 所示。

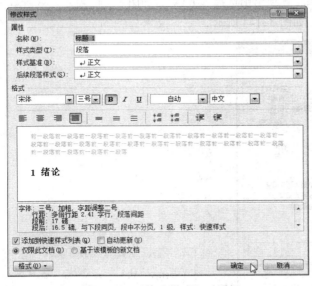

图 3-147　"修改样式"对话框　　　　　　图 3-148　修改后的"样式"组

（5）选中文档中所有的第 1 级标题，单击"标题1"按钮，即应用"标题1"样式，如图 3-149 所示。

（6）用同样的方法，选中文档中的第 2 级标题和第 3 级标题，分别应用"标题2"和"标题3"的样式。

2）为正文格式创建"新样式"

如果在当前默认的样式中找不到合适的样式时，需要新建样式以满足格式设置的需要。在此需要创建一个使正文段落为"1.25 倍行距"的新样式。

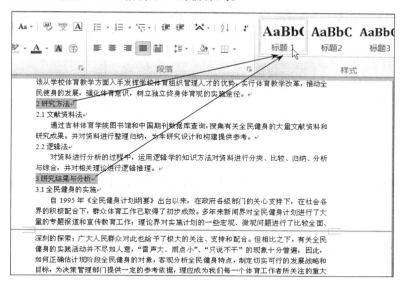

图 3-149　应用样式

操作提示：

（1）单击"样式"功能组对话框开启按钮，打开"样式"任务窗格，如图 3-150 所示。单击该窗口左下角的"新建样式"按钮，弹出"根据格式设置创建新样式"对话框，如图 3-151 所示。

图 3-150　"样式"任务窗格

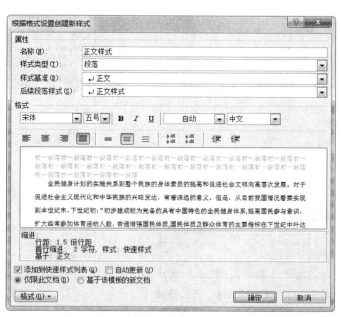

图 3-151　"根据格式设置创建新样式"对话框

（2）按照前面章节中介绍的设置段落格式的方法，将"行距"设为"1.25 倍"即可。

（3）单击"确定"按钮后，在"样式"功能组出现了刚才新建的"正文样式"，如图 3-152 所示。

（4）选中需要应用格式的"正文"，在"样式"功能组选择"正文样式"，完成对正文样式的设置。

图 3-152　新建的"正文样式"

4．编制论文的目录

编辑比较长的文档时，为了方便读者查阅，通常都会为文档编辑一个目录。Word 2010 中有自动生成目录的功能，可以方便地为使用"样式和格式"的文档生成目录，而不再需要人工进行烦琐的输入，还可以实现在电子读物中，单击目录时直接链接到具体的章节中。

为设置好"样式"的论文自动生成目录。

方法一：用"目录"按钮自动生成目录

操作提示：

（1）把光标移到要插入目录的位置。

（2）选择"引用"选项卡，单击"目录"功能组中的"目录"下拉按钮，如图 3-153 所示。并在下拉列表中选择"自动目录 1"选项，如图 3-154 所示，为论文自动生成目录。

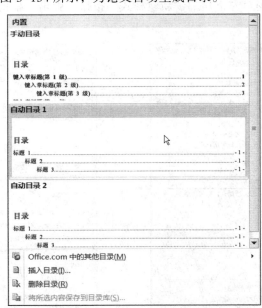

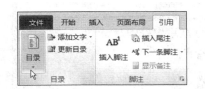

图 3-153　单击"目录"下拉按钮　　　　图 3-154　放置目录格式

方法二：用"插入目录"命令生成目录

（1）也可以单击"插入目录"按钮，弹出"目录"对话框，如图 3-155 所示，进行相关的设置。设置结果可以通过"预览"框来查看。如果选择"来自模板",标识则使用内置的目录样式(目录 1 到目录 9)来格式化目录。如果要改变目录的样式,可以单击"修改"按钮,按更改样式的方法修改相应的目录样式。

(2)设置好选项后,单击"确定"按钮,即在论文的前面生成了目录,如图 3-156 所示。

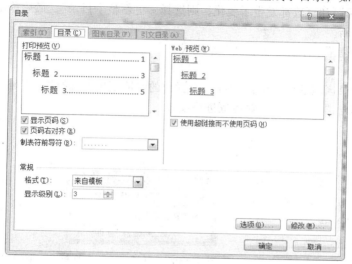

图 3-155　"目录"对话框

图 3-156　生成目录

5. 更新论文的目录

论文写完之后,会交给指导老师进行修改,修改后的论文标题、版面、页数等都会发生很大的变化,之前生成的目录就不准确了,这时就需要更新目录。

方法一:使用"更新目录"按钮。

操作提示：

（1）如图 3-157 所示，单击"目录"功能组中的"更新目录"按钮，弹出"更新目录"对话框，如图 3-158 所示。

（2）在"更新目录"对话框中，如果论文只是增减了内容，导致页数发生变化，则选择"只更新页码"；如果标题和页数都发生了变化，则选择"更新整个目录"，最后单击"确定"按钮，即完成了目录的更新。

方法二：用快捷菜单中的"更新域"来完成。

操作提示：

将鼠标放在目录区域的任意位置，右击，在弹出的快捷菜单中选择"更新域"命令，如图 3-159 所示，同样可以弹出"更新目录"对话框进行设置。

图 3-157　单击"更新目录"按钮

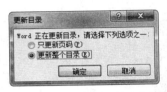
图 3-158　"更新目录"对话框

图 3-159　"更新域"命令

6. 设置页眉和页脚

在编辑长文档时，为了更好地识别每页文档，应当为每一页加上页码、页数等页眉页脚。添加页眉页脚包括全文连续的页眉页脚、首页不同、奇偶页不同、每页不同等几种形式。

1）为论文添加连续的页眉页脚。

操作提示：

（1）在"插入"选项卡的"页眉和页脚"功能组中单击"页眉"下拉按钮，如图 3-160 所示。

（2）如图 3-161 所示，在下拉列表中可以选择内置的页眉样式，也可以单击"编辑页眉"按钮，打开"页眉"编辑区，如图 3-162 所示。

图 3-160　单击"页眉"按钮

图 3-161　打开"页眉"窗口

图 3-162　页眉编辑区

（3）在编辑区输入"论文"。

（4）此时，"页眉和页脚工具"选项卡也被展开，如图 3-163 所示。单击"转至页脚"按钮，切换到页脚编辑区，如图 3-164 所示。

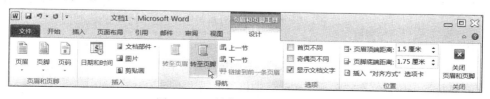

图 3-163　单击"转至页脚"按钮

图 3-164　页脚编辑区

（5）在"页眉和页脚"功能组中单击"页码"下拉按钮，在下拉列表中选择"页面底端"→"普通数字 3"，即在页面底部的右下角插入页码，如图 3-165 所示。并通过单击该下拉列表的"设置页码格式"按钮，弹出"页码格式"对话框，如图 3-166 所示。

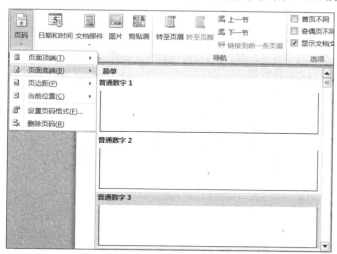

图 3-165　单击"页码"下拉按钮

图 3-166　"页码格式"对话框

2）设置首页的页眉和正文不同

操作提示：

（1）选择"插入"选项卡，在"页眉和页脚"功能组中单击"页眉"下拉列表中"编辑页眉"按钮，打开"页眉"编辑区，同时也展开了"页眉和页脚工具设计"选项卡，在"选项"功能组中选择"首页不同"复选框，如图 3-167 所示。

图 3-167　选择"首页不同"

（2）首页页眉编辑区会出现"首页页眉"的提示，如图3-168所示。而其他页面只出现"页眉"。

（3）在"首页页眉"处输入"目录"，其他"页眉"仍然输入"论文"。

3）设置奇偶页的页眉不同

如果需要将论文的奇偶页设置为不同的页眉，也可以仿照"首页不同"的方法来设置。

图 3-168　设置"首页页眉"

操作提示：

（1）选择"插入"选项卡，执行"页眉"→"编辑页眉"命令，打开"页眉"编辑区。在"选项"功能组中将"奇偶页不同"前面的复选框打"√"，如图3-169所示。

（2）在页眉编辑区会看到"奇数页页眉"和"偶数页页眉"。

图 3-169　选择"奇偶页不同"

（3）在"奇数页页眉"处输入"毕业论文"，在"偶数页页眉"处输入论文题目即可。

4）设置每页页眉不同

可以根据论文的内容，分别将页眉设置为"目录"、"摘要"、"绪论"、"研究方法"、"研究结果与分析"、"结论与建议"、"参考文献"7个部分。

操作提示：

（1）将光标定位于"目录"最后面，选择"页面布局"选项卡，选择"页眉设置"功能组中"分隔符"下拉列表中的"下一页"选项，将正文的内容分到下一页中，如图 3-170 所示。用同样的方法对整篇论文的其余几个部分进行分节处理。

（2）在文档编辑区双击"页眉"区域，进入页眉编辑模式，会发现在目录页中，页眉和页脚位置显示为"页眉-第1节-"，如图3-171所示，输入"目录"。

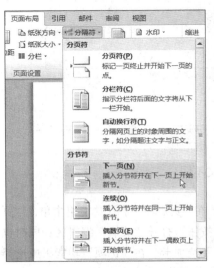

图 3-170　选择"下一页"选项

图 3-171　在第 1 节页眉处插入"目录"

（3）在"导航"功能组中单击"下一节"按钮，如图 3-172 所示，跳转到下一节的页眉处。此时会发现，页眉处已和前面所不同，不仅节码由第 1 节变成了第 2 节，而且右下角也多出了一个"与上一节相同"的字样，如图 3-173 所示。单击"导航"功能组中的"链接到前一条页眉"按钮，切断第 2 节与前一节页眉的内容联系，然后再输入第 2 节的页眉，即输入"摘要"。

图 3-172　单击"下一节"按钮

图 3-173　设置第 2 节页眉

（4）其余页眉的设置方法以此类推，每完成一个章节的页眉后就单击一下"下一节"和"链接到前一条页眉"按钮，再对下一章节进行设置，直到完成整个论文页眉的编排。

5）为论文设置不连续页码

在排版论文的页码时，通常不把目录页计入总页数中，这时可以通过"设置页码格式"来实现。

操作提示：

（1）先在页脚处插入"页码"。

（2）将光标定位在第 2 节页脚处，在"页眉和页脚"功能组中选择"页码"下拉列表中的"设置页码格式"选项，弹出"页码格式"对话框。

（3）将"页码编排"设置为"起始页码"，如图 3-174 所示。

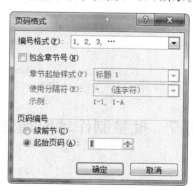

图 3-174　"页码格式"对话框

7. 审阅

审阅功能区是 Word 2010 中的重要功能区，用于帮助用户进行拼写检查、批注、翻译、修订等重要工作。可以利用 Word 2010 的审阅功能对刚编辑好的毕业论文进行"拼写和语法检查"以及"字数统计"等工作。

1）拼写和语法检查

操作提示：

（1）选择"审阅"选项卡，单击"校对"功能组中的"拼写和语法"按钮，如图 3-175 所示。

（2）如图 3-176 所示，在"拼写和语法"对话框中，"语法错误"列表框中显示出了编辑错误，用户可以根据"建议"进行修改，也可以忽略。

图 3-175　单击"拼写和语法"按钮

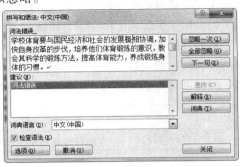

图 3-176　"拼写和语法"对话框

2）字数统计

操作提示：

（1）选择需要统计的文档区域。

（2）单击"校对"功能组中的"字数统计"按钮，如图 3-177 所示。弹出"字数统计"对话框，如图 3-178 所示。

（3）在"字数统计"对话框中详细地记录了各种情况下统计出的结果。

图 3-177　单击"字数统计"按钮

图 3-178　"字数统计"对话框

任务 7　批量制作录取通知书

任务情境

同学们在进入大学读书之前，都收到过大学的录取通知书。当你接到录取通知书时，有没有想过：每所大学每年都要给被录取的同学邮寄大量的录取通知书，每份录取通知书上都显示着不同的姓名、系别、专业等信息，如果逐个输入、打印，将是多么艰巨的工作啊。那么如何才能提高工作效率，轻松快捷地完成批量通知书的制作呢？本任务就来用 Word 2010 中"邮件合并"的功能来制作大批量的通知书（见图 3-179）。在完成任务中将会用到 Word 2010 中"邮件合并"的功能。使用"邮件合并"功能的文档通常都具备两个规律：一是需要制作的数量比较大；二是这些文档内容分为固定不变的内容和变化的内容。

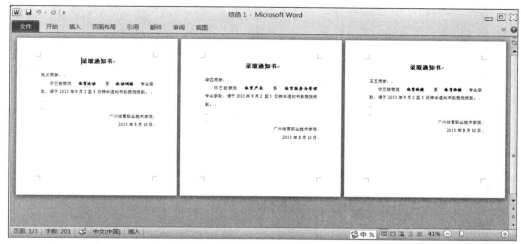

图 3-179　批量制作录取通知书

 **任务分解**

（1）准备一份录取通知书主文档；
（2）创建数据源；
（3）插入数据域；
（4）完成合并；
（5）分发通知书。

任务实施

1．准备一份录取通知书主文档

"主文档"就是前面提到的固定不变的主体内容，即将输出的录取通知书界面的大致样子，可以利用之前学习文档排版的方法，在一份空白的 Word 文档中编辑一份录取通知书的主文档，如图 3-180 所示。

图 3-180　编辑一份"录取通知书"

2．创建数据源

1）打开"邮件合并"任务窗格

操作提示：

（1）选择"邮件"选项卡，在"开始邮件合并"功能组选择"开始邮件合并"下拉列表中的"邮件合并分步向导"选项，如图 3-181 所示。

（2）在 Word 窗口的右侧就出现了"邮件合并"任务窗格，如图 3-182 所示。

2）确定文档类型，并选择开始文档

操作提示：

（1）文档类型有多种，可以根据实际需要进行选择，此处选择"信函"。

（2）按照"邮件合并"任务向导，执行"下一步：正在启动文档。"

（3）由于之前已编辑好了录取通知书的主文档，此时选择"使用当前文档"。

3）建数据源

进入到任务向导中的步骤3——"选择收件人"，该步骤中有3个选项。由于事先没有准备数据源，此处选择"键入新列表"，如图3-183所示。

  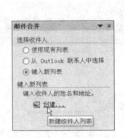

图3-181　选择"邮件合并分步向导"选项　图3-182　"邮件合并"任务窗格　图3-183　选择"键入新列表"

操作提示：

（1）单击"创建"超链接，弹出"新建地址列表"对话框，如图3-184所示。由于需要的数据源中的信息和"新建地址列表"中的信息不符合，所以需要通过更改"新建地址列表"中的"域名"来实现。

（2）单击"自定义"按钮，弹出"自定义地址列表"对话框，如图3-185所示。

（3）在"自定义地址列表"中选中不需要的"域名"，单击"删除"按钮，即可删除该域名。

（4）单击"添加"按钮，如图3-186所示。在弹出的"添加域"对话框中输入"姓名"后，单击"确定"按钮，如图3-187所示，即添加了一个新域名。

（5）用同样的方法，连续添加"系别"、"专业"等域名，如图3-188所示。

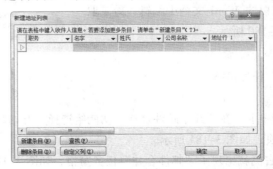

图3-184　"新建地址列表"对话框

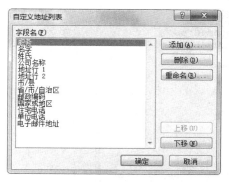

图 3-185　"自定义地址列表"对话框

图 3-186　单击"添加"按钮

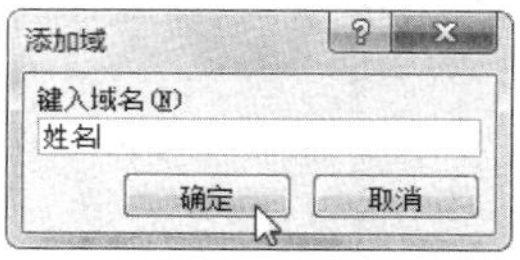

图 3-188　添加新的域名

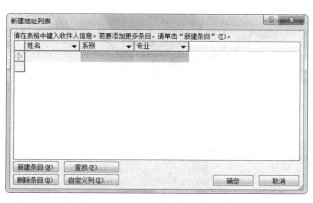

图 3-187　"添加域"对话框

（6）在修改后的"新建地址列表"对话框中，显示出了刚才更新的 3 个字段信息，如图 3-189 所示。单击"新建条目"按钮，在光标处即可输入具体信息。

（7）用以上方法，连续添加 3 条"地址信息"，如图 3-190 所示，添加完毕后，单击"确定"按钮。

图 3-189　修改后的"地址列表"

（8）在弹出的"保存通讯录"对话框中，为建好的数据源命名后，默认保存位置为"我的数据源"，如图 3-191 所示，单击"保存"按钮，保存数据源。

（9）保存后，出现了"邮件合并收件人"对话框，如图 3-192 所示。可以继续编辑修改刚才输入的记录，最后单击"确定"按钮，即完成了数据源的创建。

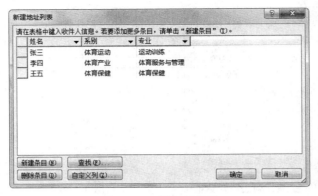

图 3-190　添加新条目

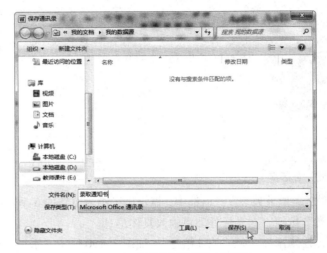

图 3-191　"保存通讯录"对话框

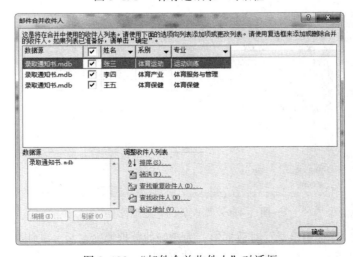

图 3-192　"邮件合并收件人"对话框

3. 插入数据域

"插入数据域"的目的是为了把建立的"数据源"和之前编辑的"主文档"链接起来，即把数

据源中的相应字段合并到主文档的固定内容之中

操作提示：

（1）在"邮件合并"任务向导中执行下一步"撰写信函"，此时"编写和插入域"功能组中的"插入合并域"按钮变成了可选状态，如图 3-193 所示。

（2）将光标定位在"同学"前面，选择"插入合并域"下拉列表中的"姓名"命令，可以看到文档中从数据源中插入的字段都用《 》符号标示出来，以便和文档中的普通内容相区别。

（3）用以上方法，插入"系别"、"专业"两个域。完成后的结果如图 3-194 所示。

图 3-193　单击"插入合并域"下拉按钮　　　　图 3-194　插入域后的效果

4．完成合并

操作提示：

（1）检查确认之后，就可以单击"邮件合并"任务窗格中的"下一步：预览信函"，如图 3-195 所示。

（2）在"邮件合并"窗格中单击"收件人"前后的箭头，可以查看制作的效果。

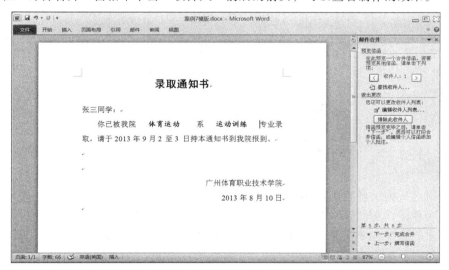

图 3-195　完成邮件合并后的效果

（3）如果对结果满意，则单击"邮件合并"任务窗格中的"完成合并"，来到"邮件合并"的最后一步。

5. 分发通知书

完成合并后，确认正确无误之后，单击下一步"完成合并"，进入"邮件合并向导"的最后一步"完成合并"。

1）打印通知书

单击"合并"选项区的"打印"超链接，如图 3-196 所示，就可以批量打印合并得到的 3 份信函了。在弹出"合并到打印机"对话框中还可以指定打印的范围，这里采用默认选择"全部"，如图 3-197 所示。

图 3-196　完成合并　　　　　　　　图 3-197　"合并到打印机"对话框

2）合并到新文档

单击"邮件合并"任务窗格中的"编辑单个信函"按钮，在弹出的对话框中选择"全部"记录，并单击"确定"按钮，如图 3-198 所示，即可在新文档生成数据源中所有被录取学生的录取通知书，每个录取通知书单独成页。

图 3-198　"合并到新文档"对话框

任务 8　制作一份电子简报

任务情境

电子简报已成为信息时代常见的一种信息载体，由于它可以综合应用文字、图片、声音等媒体元素，实现图、文、声并茂的效果，让人赏心悦目，因此应用也相当广泛。可以用电子简报编辑任何主题，如艺术鉴赏、旅游风光、广告宣传、人物介绍、新闻时事报到等。通过完成以上几个任务，基本熟悉了 Word 2010 工具中常用的选项卡、功能区及命令按钮的用法。在这次任务中大家可以充分应用所学的知识和技能，将 Word 中的"文字"、"图形"、"图片"、"表格"、"文本框"、"艺术字"、"页眉页脚"等元素综合应用到电子简报的制作中。电子简报示例如图 3-199 和图 3-200 所示。

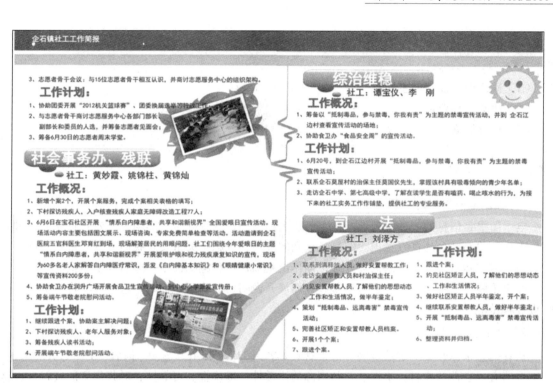

图 3-199　电子简报示例一

图 3-200　电子简报示例二

任务分解

（1）确定电子简报的主题；
（2）收集整理资料；
（3）设计版面。

任务实施

1．确定电子简报的主题

电子简报是信息的一种呈现形式，它应该主题明确，内容健康。选题时还要开阔视野，树立关注生活、关心社会的良好意识。题目是报刊的灵魂，选题至关重要。我们可以紧密联系自己的生活和学习实际，结合自身的兴趣爱好，创作出集知识性和趣味性于一体的电子简报。

确定主题后简单分析此主题可从哪些方面展开说明，即确定小标题。这一步骤将为下一步的收集资料做准备。

2．收集整理资料

从各信息来源收集一定数量的合适素材（文字、图片等），并从题材、内容、文体等方面考虑，从中挑选有代表性的素材，要注意资料来源的广泛性、准确性和可靠性；对收集到的资料进行整理、修改和创新，确定能表达小标题的文章、图片等。因为版面有限，收集到的资料要注意控制字数及统一风格。

3．设计版面

电子简报的版面是指对各构成版面的元素进行编排所形成的整体布局,形成一定的风格特色,配合突出主题。版面中各个元素（如文字、图片、图案、色彩等）的合理搭配，能令人赏心悦目，留下深刻印象。设计时要注意形式和内容的和谐统一，这样可以使作品具有艺术性、思想性和创造性。通常先绘制出版面布局草图，再进行制作。

先要确定纸张的大小，然后在纸面上留出标题文字和图形的空间，然后把剩余空间分割给各个稿件，每个稿件的标题和题图的大概位置都要心中有数。同时要注意布局的整体协调性和美观性。

在设计版面时可以适当注意以下几点：

1）艺术字、自选图形的使用

标题是版面的眼睛，通过艺术字与图形的组合加工，使标题形状、大小和位置有所变化，增加版面的美感，适当使用艺术字使版面更美观。标题文字最好使用艺术文字，艺术文字给人强烈的视觉效果。

2）文字

文字是报刊的基本单位。电子简报的文本一般都采用五号宋体。小报中一般不使用繁体字。为了便于读者阅读，在页面中一般采用分栏形式。为了将文章与文章区分开来，一般都采用简单的文字框边线，或用不同的颜色文字、底纹色块来加以区别。

在文字的排版方式上，应尽量照顾读者的阅读习惯。横排时，从左到右，从上到下，竖排时，从上到下，从右到左。注意文章的连贯性，不能有文法、语法错误和错别字；文章不宜太长，文字要清晰易读；同一版面正文字号、字体变化不要多，以免分散读者的注意力。正文字体以宋体和楷体为主，字号选用五号或小五号为宜。

3）文本框的使用

在编排报刊类文档时，经常用到能在版面中灵活放置文本的工具——文本框。它可以实现横排或竖排，通过与空格的结合使用，可排出不同的形状效果。

4）插图

为了活跃版面，在编排与设计时可在版面中恰当插入一些插图。由于图形在视觉上比文字更具有直观性的优势起，能到美化的作用，使版面图文并茂，形式丰富，更具层次感。插图既突出地烘托出本栏目的主题，又可获得理想的装饰效果。不过，在编排时也要考虑插图在版面中所占面积和分布情况。

5）装饰图案的配合

包括花边、框线、纹样等，是表达版面的视察效果，构成版面形式的重要手段。其中花边是用来将文章与文章隔开，美化版面而设立的。因此，在设计上要以造型简单为好。纹样不要复杂，色彩不要多样，整个版面不宜变换花边太多，一篇文章尽可能只用一种花边，边线数也以少为好。背景纹样等则注意与文字的搭配。可以用各种特殊符号与自带的图形。

6）图形对象的组合

排版时通常需要把若干的图形对象、艺术字、文本框等组合成一个大的对象，以方便整体移动等排版操作。

第 4 章 电子表格处理软件 Excel 2010

Microsoft Excel 2010 是一个电子数据表程序，用户可以使用它方便、灵活地输入、显示、修改各种表格数据。同时，还提供了对表格式数据进行自动计算、设定函数、分类、查找处理及图表分析等功能。由于 Excel 2010 具有强大的数据表格处理能力，人性化的操作界面使用户操作起来更加高效，并且易学易用，因此成为各行各业间较为流行的电子表格软件。

我们先来认识一下 Excel 2010。

1. Excel 2010 常用的两种启动方法

方法一：选择"开始"→"所有程序"→"Microsoft Office"→"Microsoft Office Excel 2010"命令。

方法二：双击桌面上 Excel 2010 快捷方式图标。

2. Excel 2010 窗口结构

启动 Excel 2010 后，其外观及各部名称如图 4-1 所示。

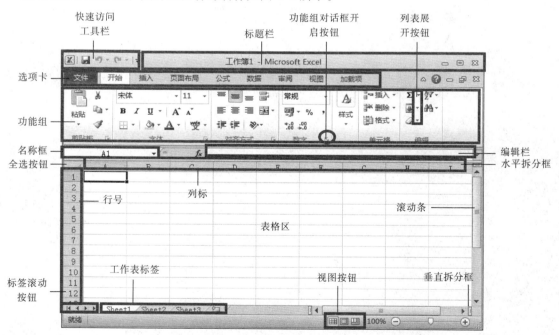

图 4-1　Excel 2010 界面

（1）标题栏：位于窗口的最上方，单击它左侧的"控制菜单"图标 Ⅺ，弹出包含"还原"、"移动"、"大小"和"关闭"选项；紧靠图标显示的是快速访问工具按钮；右侧 3 个按钮分别是"最小化"，"最大化/还原"和"关闭"按钮。

（2）快速访问工具栏：显示一些常用的工具按钮，默认的显示有保存、撤销、恢复 3 个按钮，用户可以根据需要任意添加功能按钮入快速访问工具栏中。

（3）选项卡：有文件、开始、插入、页面布局、公式、数据、审阅、视图和加载项共 9 个固定选项卡，还有一些要在选中特定对象后才显示的活动选项卡，单击各个选项卡均会显示多个功能组。

（4）功能组：包含于不同选项卡中，按同类用途的各种功能归类成组，每组由常用操作命令的图标按钮构成。

（5）功能组对话框开启按钮：打开一个功能对话框。

（6）列表展开按钮：黑色倒三角形状，展开一个某个功能按钮下的命令列表。

（7）名称框：默认显示当前所选的单元格或区域的名称，也可在名称框中自定义其名称。

（8）编辑栏：可在此对被选定的单元格输入文字、公式、数据等内容。

（9）表格区：在此存放表格的内容，由行、列构成，一个工作表区有 16 384 列，1 048 576 行。按【Ctrl+方向键】（→↑←↓）可快速移动到工作表区的各个边缘。

（10）行号、列标：使用鼠标单击或拖选时，可选择某行（列）或多行（多列）。

（11）工作表标签：显示各个工作表名称。单击某工作表标签，该工作表即为当前工作表。

（12）拆分框：用鼠标拖出后，水平或垂直拆分当前工作表。

（13）视图按钮：包含了普通、页面布局、分页预览 3 个按钮，切换不同工作状态。

3．Excel 2010 中几个重要的概念

1）工作簿

一个 Excel 2010 文件即为一个工作簿，其扩展名为.xlsx（Excel 2003 及更早的版本其扩张名为.xls）。一个工作簿中可存放若干工作表。

2）工作表

工作簿中的表格称为工作表。可通过单击工作表标签相互切换。默认情况下新建的工作簿包含 3 张工作表和 1 个插入工作表标签，用户可根据需要增加或删除工作表。

3）单元格

单元格指的是表格区中每一个小格子。通过指定坐标来实现单元格的引用，指定单元格坐标的方法是列号+行号，如 A1，B2，C8 等。可在名称框中编辑。

4）活动单元格

指当前正被选定操作的单元格。它的边框线较其他单元格相对变粗，此时可以输入其内容或对已有内容进行编辑、修改、删除等操作。

通过前面的学习，现在已经对 Excel 2010 有一个初步的认识，接下来将以实际任务为载体，进入到具体操作应用中去。

任务 1　制作 100 米跑成绩登记表

任务情境

运动成绩登记表是我们在各种赛事、运动会，以至大学校园中开展的体育活动中常见的一种表格。本任务尝试使用 Excel 2010 完成一份"100 米跑成绩登记表"，使其简洁清晰，层次分明，

如图 4-2 所示。在完成任务中将会学习到 Excel 文档中行和列的基本操作，数据的输入方法，简单的数值运算，以及表格的格式化处理等。

100米跑成绩登记表

组别：

序号	姓名	性别	身份证号码	时间（秒）	备注
001	李军军	男	4401019880798XXXXX	12.10	
002	张大力	男	4403019880798XXXXX	14.26	
003	刘涛	男	4403019880798XXXXX	13.10	
004	王志志	男	4403019880798XXXXX	12.33	
005	李天好	男	4403019880798XXXXX	11.52	
006	孙海强	男	4403019880798XXXXX	12.25	
007	黄鹏	男	4403019880798XXXXX	15.26	
008	张好	男	4403019880798XXXXX	14.39	
009	赵刚	男	4403019880798XXXXX	14.27	
010	王飞	男	4403019880798XXXXX	13.72	
本组最好成绩				11.52	

记录人：＿＿＿＿ 审核人：＿＿＿＿ 日期：＿＿＿＿

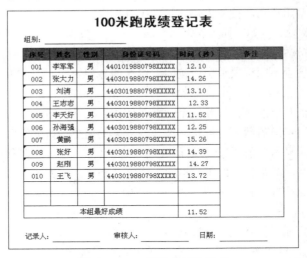

图 4-2 100 米跑成绩登记表

任务分解

（1）创建新的工作簿，在工作表中输入数据；

（2）求最小值；

（3）格式化表格；

（4）保存工作簿。

任务实施

1. 创建新的工作簿，在工作表中输入数据

启动 Excel 2010，将自动创建一个标题为“工作簿 1”的工作簿，其包含 Sheet1/Sheet2/Sheet3 这 3 张工作表，在默认打开的 Sheet1 工作表中输入数据，如图 4-3 所示。

	A	B	C	D	E	F
1	100米跑成绩登记表					
2	组别：					
3	序号	姓名	性别	身份证号码	时间（秒）	备注
4	001	李军军	男	44010198	12.1	
5	002	张大力	男	44030198	14.26	
6	003	刘涛	男	44010198	13.1	
7	004	王志志	男	44010198	12.33	
8	005	李天好	男	44010198	11.52	
9	006	孙海强	男	44020198	12.25	
10	007	黄鹏	男	44250198	15.26	
11	008	张好	男	44033198	14.39	
12	009	赵刚	男	41450198	14.27	
13	010	王飞	男	44027198	13.72	
14						
15						
16	本组最好成绩					
17						
18	记录人：		审核人：		日期：	
19						

图 4-3 输入数据

操作提示：

（1）双击准备输入数据的单元格使其出现闪烁的光标后开始输入内容，或选定单元格后再单击编辑栏，当出现光标时可输入内容或对已有内容进行修改。输入完毕后按【Enter】键确认或使用方向移动选择其他单元格。

（2）从单元格 A1 开始，逐行将各项内容输入到对应的单元格中。输入过程中保持内容的格式和样式处于默认状态。

（3）当输入的内容全部由数字组成的字符串时（如任务中的"序号"、"身份证号码"），输入时先将输入法状态切换到"中文（中国）"，然后输入单撇号"'"，再输入具体数字。

（4）Excel 2010 具有自动填充内容的功能；如"序号"的生成，选择单元格 A4，然后按下鼠标左键并拖动"填充句柄"直至序号结束止，再选择填充方式为"填充序列"，如图 4-4 所示。

图 4-4　使用填充句柄填充

2．求最小值

"100 米成绩登记表"中能直观显示出到本组的最好成绩，即这一组的时间项目中的数据"最小值"。

操作提示：

（1）选择 E4:E16 单元格区域，如图 4-5 所示。

图 4-5　选择单元格区域

（2）选择"公式"选项卡，在"数据库"功能组中单击"自动求和"下拉按钮，选择"最小值"，如图4-6所示。Excel 2010自动将结果填入单元格E16。求和、平均值、计数等其他选项的使用可参照此方法。

图4-6　求最小值

3．格式化表格

为了使表格看起来更直观、更清晰，需要对表格进行"格式化"处理，包括对其单元格的合并、字体、字号、边框、底纹的等操作。

1）格式化表格标题

操作提示：

（1）选择单元格区域A1:F1，在"开始"选项卡中，单击"对齐方式"功能组中的"合并后居中"按钮。如果选择已合并过的单元格区域，则再次点击此按钮则取消合并，如图 4-7所示。

（2）保持前面标题部分的选择状态，将标题内容设置为"黑体"、"22号"、"加粗"。在"开始"选项卡的"字体"功能组中对字体、字形、字号等进行相应的设置，如图4-8所示。

图4-7　单击"合并后居中"按钮

图4-8　"字体"功能组

（3）也可单击"字体"功能组右下角的"设置单元格格式"开启对话框按钮，在弹出的对话框中选择"字体"选项卡进行相关设置，如图4-9所示。

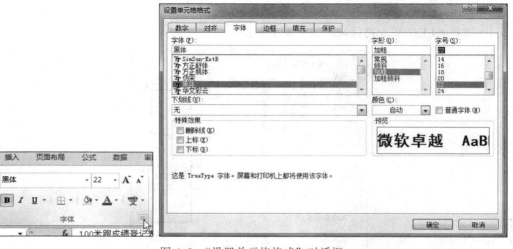

图4-9　"设置单元格格式"对话框

2）调整行高、列宽

方法一：选择行号或列标，单击"开始"选项卡"单元格"功能组中的"格式"下拉按钮，在下拉列表中选择"行高"或"列宽"，在对话框中输入具体数值，如图 4-10 所示。

图 4-10 "行高"/"列宽"对话框

方法二：将鼠标移至行号（列标）下框线（右框线），当指针变成双向箭头时进行拖动即可，或双击调整"最合适行高（列宽）"，如图 4-11 所示。

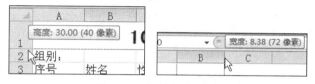

图 4-11 调整行高/列宽

3）输入特定格式数据

操作提示：

可先设定单元格的数字显示格式，再对其输入数据。选择单元格区域 E4:E16，单击"开始"选项卡"数字"功能组的对话框开启按钮，弹出"设置单元格格式"对话框，选择"数字"选项卡，在分类列表框中选择"数值"，小数位数为"2"，单击"确定"按钮，如图 4-12 所示。

图 4-12 "数字"选项卡

用上述方法对表格的其他内容的字体和对齐方式等进行设置。单元格区域 A16:D16、F4:F16 合并后居中；表头设置为"黑体、12 号字、居中、加粗"；表中数据及表尾设置为"宋体、12 号字、居中"，设置 4–18 行高 21 磅、适当调整各列列宽，如图 4–13 所示。

	序号	姓名	性别	身份证号码	时间（秒）	备注
				100米跑成绩登记表		
组别：						
	001	李军军	男	440101988079855002	12.10	
	002	张大力	男	440301988079858796	14.26	
	003	刘涛	男	440101988079858833	13.10	
	004	王志志	男	440101988079852323	12.33	
	005	李天好	男	440101988079851080	11.52	
	006	孙海强	男	440201987079855013	12.25	
	007	黄鹏	男	442501988079858736	15.26	
	008	张好	男	440331988079858831	14.39	
	009	赵刚	男	414501988079852389	14.27	
	010	王飞	男	440271988079851171	13.72	
				本组最好成绩	11.52	
记录人：			审核人：		日期：	

图 4–13　设置效果图

4）插入行（列）

操作提示：

选择行号或列标，单击"开始"选项卡"单元格"功能组中的"插入"按钮，将在所选行区下方或列区的右方插入新行（列）。也可在选择后右击，在弹出的快捷菜单中选择"插入"命令来完成，如图 4–14 所示。

图 4–14　插入行/列

5）为表格添加边框

目前我们所看见在表格区内构成单元格的是网格线，Excel 默认设置下它在预览及输出打印时不显示，因此需要为表格主体添加可输出显示的边框。

操作提示：

选择单元格区域 A3:F16，如图 4–15 所示，选择"开始"选项卡"字体"功能组中"边框"下拉列表中的"所有边框"选项，如图 4–16 所示。

	100米跑成绩登记表				
组别：					
序号	姓名	性别	身份证号码	时间（秒）	备注
001	李军军	男	440101988079855002	12.10	
002	张大力	男	440301988079858796	14.26	
003	刘涛	男	440101988079858833	13.10	
004	王志志	男	440101988079852323	12.33	
005	李天好	男	440101988079851080	11.52	
006	孙海强	男	440201987079855013	12.25	
007	黄鹏	男	442501988079858736	15.26	
008	张好	男	440331988079858831	14.39	
009	赵刚	男	414501988079852389	14.27	
010	王飞	男	440271988079851171	13.72	
		本组最好成绩		11.52	
记录人：		审核人：		日期：	

图 4-15　选择单元格区域　　　　　　　　图 4-16　选择"所有边框线"

6）添加底纹

操作提示：

选择单元格区域 A3:F3，选择"开始"选项卡，在"字体"功能组中单击"填充颜色"按钮，在展开的列表中选择颜色，如图 4-17 所示。

7）插入填写线

需要在表格外添加一些"填写线"来标明"审核人"、"制表日期"等信息。

操作提示：

选择"插入"选项卡，在"插图"功能组中单击"形状"按钮，在其下拉列表中选择"直线"，使用鼠标在相应内容后面拖出直线，通过直线两端控制点可对直线进行再次调整，拖动时按住【Shift】键可使直线每次变动的角度为 45°，更容易画出水平或垂直的线段，如图 4-18 所示。

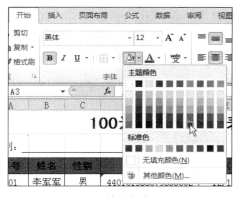

图 4-17　填充颜色工具

图 4-18　插入填写线

4．保存工作簿

在表格的整个制作过程中，完成了主要步骤时，或所有工作结束后，需要对其进行保存。

1）初次保存

操作提示：

（1）单击"文件"选项卡中的"保存"按钮，在弹出的"另存为"对话框中选择保存位置、输入文件名后单击"确定"按钮。此文件名将作为再次打开文档时的标题，如图 4-19 所示。

（2）也可以单击快速访问工具栏中的"保存"按钮完成首次保存的有关操作，后续保存时可直接单击此按钮，Excel 2010 将自动更新保存内容。

图 4-19 "另存为"对话框

2）另存为

操作提示：

对已保存过的文件进行再编辑或者修改后需另生成一个新工作簿存放时使用，在"文件"选项卡中单击"另存为"命令，更新保存位置、文件名，设置保存格式时，Excel 2010 默认为".xslx"，如果希望文件能够被 Excel 2003 或早前版本打开，则需要将其保存格式设置为".xsl"。

任务 2 制作学生成绩表

任务情境

学生成绩表是学校对学生所学课程成绩进行记录的一种常用表格。本任务将制作一份能直观、准确反映出学生在不同学期、所学科目的成绩，并突出显示未达标的成绩数据的学生成绩表，最后根据需要合理设置页面，以 A4 纸打印多份，完成效果如图 4-20 所示。在完成任务中将会用到表格的格式化，表头的制作，设置条件格式以及表格的页面设置和打印输出等。

XXXX学院学生成绩表
_____学年第 ___学期

年级 _____ 院(系)/部：_____ 行政班级：_____ 学生人数：_____

序号	学号 成绩 类别 学分 姓名	武术 [必修2.0]	基本体操与技巧 [必修2.0]	羽毛球主项理论与实践（上） [必修6.0]	运动损伤与急救 [必修2.0]	教育学 [必修2.0]	运动训练与管理 [必修2.0]	心理学概论与实务 [必修2.0]	棋类 [任选2.0]
1	2010101001 黄淦龙	86.00	60.00	86.00	74.00	70.00	89.00	78.00	77.00
2	2010101002 叶丹阳	85.00	60.00	78.00	72.00	73.00	79.00	85.00	69.00
3	2010101003 刘良能	85.00	69.00	87.00	75.00	85.00	89.00	78.00	72.00
4	2010101004 周艺楚	90.00	72.00	93.00	80.00	64.00	87.00	90.00	79.00
5	2010101005 林永恒	91.00	86.00	92.00	78.00	89.00	88.00	82.00	80.00
6	2010101006 李小峰	85.00	60.00	85.00	71.00	64.00	77.00	46.00	73.00
7	2010101007 叶伟浩	80.00	57.00	89.00	78.00	98.00	75.00	58.00	80.00
8	2010101009 言建锐	94.00	88.00	86.00	81.00	93.00	92.00	85.00	70.00
9	2010101010 许轩勇	91.00	85.00	48.00	80.00	82.00	82.00	83.00	73.00
10	2010101011 李俊峰	91.00	90.00	89.00	81.00	69.00	79.00	80.00	87.00
11	2010101012 林百臣	94.00	78.00	62.00	73.00	85.00	82.00	72.00	87.00
12	2010101013 列嘉健	91.00	77.00	87.00	78.00	83.00	89.00	84.00	74.00
13	2010101014 居尚文	89.00	77.00	63.00	75.00	63.00	78.00	68.00	82.00
14	2010101015 陈国栋	86.00	60.00	42.00	79.00	74.00	80.00	65.00	80.00
15	2010101016 赖室龙	90.00	73.00	85.00	75.00	56.00	87.00	99.00	78.00
16	2010101017 吴龙恩	94.00	95.00	89.00	81.00	93.00	92.00	96.00	81.00

图 4-20 学生成绩表

任务分解

（1）格式化表格；
（2）设置条件格式；
（3）查看工作表；
（4）打印输出设置。

任务实施

1. 格式化表格

打开"任务二.xlsx"素材，运用上一任务所掌握的知识和技能对表格进行格式化处理。

1）设置表格中的字体格式、对齐方式、行高和列宽等

操作提示：

分别选择 1~3 行、6~59 行，设定行高为"24.75"、"19.50"，第 4、5 行设定行高值"51"、"28.50"；A、B、C 列的列宽值分别为"5.17"、"10.83"、"8.17"，D~K 列列宽统一设为"11.00"；分别选择单元格区域 A1:K1、A2:K2 进行合并后居中，设置格式为"黑体、20、加粗"和"宋体、10、加粗"，选择单元格区域 A3:K5 设置格式"宋体、10、加粗、居中"；选择单元格区域 A4:K57 添加所有框线，完成后的效果如图 4-21 所示。

2）设置自动换行

操作提示：

选择单元格区域 D4:K4，单击"开始"选项卡"对齐方式"功能组中的"自动换行"按钮（对

超出列宽的文本内容自动新建一行显示），如图 4-22 所示。

| | | | 武术 | 本体操与技项理论与实动损伤与急 | | | 教育学 | 动训练与管理学概论与实 | | 棋类 |
			[必修2.0]	[必修2.0]	[必修6.0]	[必修2.0]	[必修2.0]	[必修2.0]	[必修2.0]	[任选2.0]
1	2010101001	黄淦龙	86.00	60.00	86.00	74.00	70.00	89.00	78.00	77.00
2	2010101002	叶丹阳	85.00	60.00	78.00	72.00	73.00	79.00	85.00	69.00
3	2010101003	刘良能	85.00	69.00	87.00	75.00	85.00	89.00	78.00	72.00
4	2010101004	周芝莹	90.00	72.00	93.00	80.00	64.00	87.00	90.00	79.00
5	2010101005	林永恒	91.00	86.00	92.00	78.00	89.00	88.00	82.00	80.00
6	2010101006	李小峰	85.00	60.00	85.00	71.00	64.00	77.00	46.00	73.00
7	2010101007	叶伟洁	80.00	57.00	89.00	78.00	98.00	75.00	58.00	80.00
8	2010101009	官建锐	94.00	88.00	86.00	81.00	93.00	92.00	85.00	70.00
9	2010101010	许轩勇	91.00	85.00	48.00	80.00	82.00	82.00	83.00	73.00
10	2010101011	李俊峰	91.00	90.00	89.00	81.00	69.00	79.00	80.00	87.00
11	2010101012	林百臣	94.00	78.00	62.00	73.00	85.00	82.00	72.00	87.00
12	2010101013	列嘉健	91.00	77.00	87.00	78.00	83.00	89.00	84.00	74.00
13	2010101014	唐尚文	89.00	77.00	63.00	75.00	63.00	78.00	68.00	82.00
14	2010101015	陈国栋	86.00	60.00	42.00	79.00	74.00	80.00	65.00	80.00
15	2010101016	赖宝龙	90.00	73.00	85.00	75.00	56.00	87.00	99.00	78.00

图 4-21 完成效果

3）设置边框和底纹

操作提示：

（1）选择单元格区域 A4:K5，单击"开始"选项卡"字体"功能组中的"填充颜色"下拉按钮，选择颜色，如图 4-23 所示。

图 4-22 单击"自动换行"按钮

图 4-23 设置单元格底纹

（2）保持当前单元格区域选择状态，在"开始"选项卡中的"字体"功能组中单击"边框"下拉按钮，在其下拉列表中选择"其他边框"，弹出"设置单元格格式"对话框，选择"边框"选项卡，设置后如图 4-24 所示。

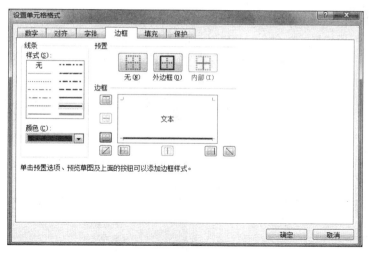

图 4-24　"边框"选项卡

4）绘制斜线表头

操作提示：

（1）合并单元格区域 A4:C5。

（2）选择"插入"选项卡，在"插图"功能组中单击"形状"下拉按钮，在其下拉列表中选择"直线"，如图 4-25 所示，此时鼠标指针变十字状，移至表头处分别绘制 5 条斜线，调整直线两端端点贴紧单元格边框。使用此方法完成表格中填写线的添加，如图 4-26 所示。

图 4-25　选择直线

图 4-26　完成效果

5）编辑表头项目内容

操作提示：

选择"插入"选项卡，在"文本"功能组中选择"文本框"下拉列表展中的"横排文本框"

（垂直文本框），在表格中画一个文本框，输入文本"课程"，设置字体为宋体、9号、加粗。右击此文本框选择"设置形状格式"命令，弹出对话框，选择"填充"项，设为"无填充"，选择"线条颜色"项，设为"无线条"，如图4-27所示，拖动至合适位置。按照以上方法完成其他表头项目内容的添加，完成后如图4-28所示。

图 4-27　添加、设置文本框

2．设置条件格式

在 Excel 中，可以是对满足预设条件的内容设定特殊的格式，如"将成绩表中不及格的成绩和优秀的成绩突出显示"。

操作提示：

（1）选择单元格区域 D6:K57，选择"开始"选项卡，在"样式"功能组单击"条件格式"下拉按钮，选择"管理规则"，弹出"条件格式规则管理器"对话框，单击"新建规则"按钮，弹出"新建格式规则"对话框，设置如图4-29所示，单击"格式"按钮进入"设置单元格格式"对话框中的"字体"选项卡，设置如图4-30所示，单击"确定"按钮所选区域即执行条件格式。

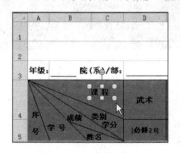

图 4-28　完成效果

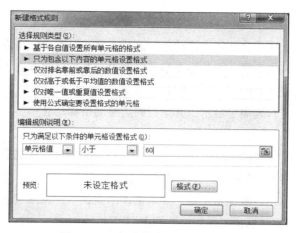

图 4-29　"新建格式规则"对话框

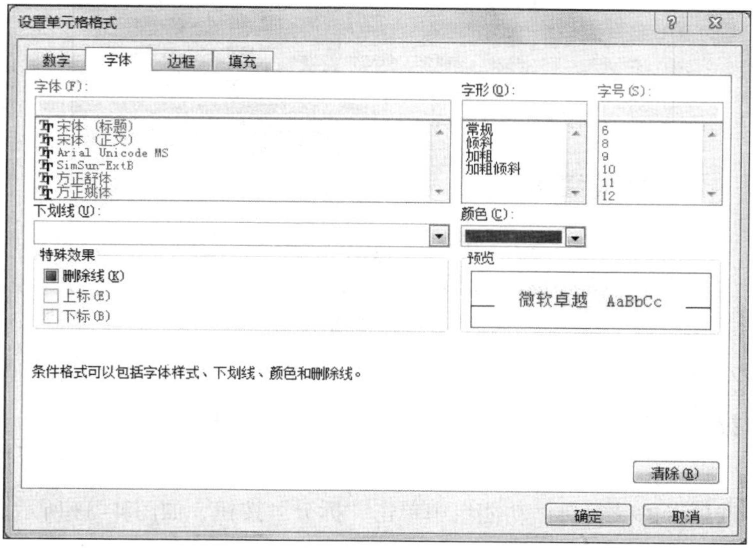

图 4-30　"字体"选项卡

（2）"条件格式规则管理器"对话框除了可以新建规则外，还可以对已存在的规则进行编辑、删除操作，如图 4-31 所示。

图 4-31　"条件格式规则管理器"对话框

3．查看工作表

当表格内容较多时，通常会使用"滚动条"进行查看。但滚动中往往会使表头项目内容与后面的数据分开，给查阅带来不便。在此将介绍另外两种查看数据的方法。

方法一：冻结表头进行查阅。

就是将数据表中指定行列固定显示，其余行列随滚动条移动显示。

操作提示：

选择单元格 D6，在"视图"选项卡的"窗口"功能组中选择"冻结窗格"下拉列表中的"冻结拆分窗格"选项，即将 D6 单元格上方区域和左边区域冻结，如图 4-32 所示。冻结后，拖动滚动条可以移动数据，被冻结区域保持不动。如取消冻结则执行"视图"选项卡"窗口"功能组中"冻结窗格"下拉列表中的"取消冻结窗格"选项即可。

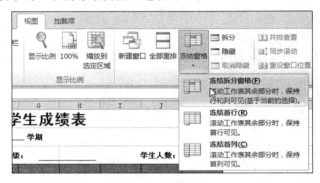

图 4-32　冻结窗格

方法二：拆分窗口进行查阅。

将当前窗口拆分成不同的小窗口，分别通过滚动条进行查看。

操作提示：

在"视图"选项卡的"窗口"功能组中单击"拆分"按钮，如图 4-33 所示。如需取消拆分，双击拆分框即可。

图 4-33　单击"拆分"按钮

4．打印输出设置

学生成绩表制作完毕后，需要通过打印机打印到纸张上，为使打印出的表格更加规范，打印之前需要对表格进行页面设置。

1）设置页面格式

操作提示：

选择"页面布局"选项卡，单击"页面设置"功能组的对话框开启按钮，如图 4-34 所示，弹出"页面设置"对话框，这里包含了"页面"、"页边距"、"页眉/页脚"及"工作表"4 个选项卡：

（1）"页面"选项卡：设置纸张大小为"A4"，方向为"纵向"，如图 4-35 所示。

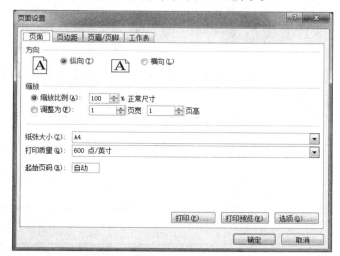

图 4-34　单击对话框开启按钮

图 4-35　"页面"选项卡

（2）"页边距"选项卡：设置上、下、左、右页边距（默认单位是厘米）并设居中方式"水平"，如图 4-36 所示。

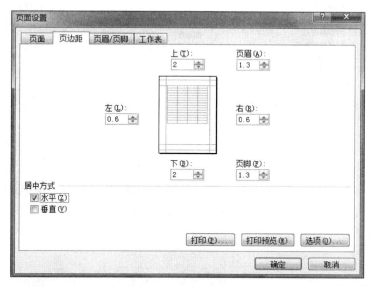

图 4-36　"页边距"选项卡

（3）"页眉/页脚"选项卡：添加页脚页码，如图 4-37 所示。

（4）"工作表"选项卡：单击"顶端标题行"右方填充区，选择工作表表头及标题所在 1～5 行，这时单击"打印预览"按钮，可以看见所有页面都显示有标题及表头，如图 4-38 所示。

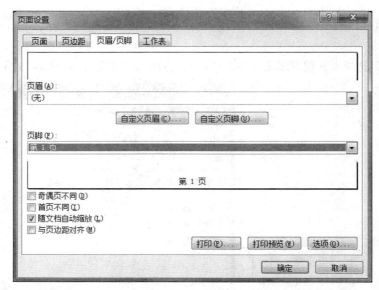

图 4-37　"页眉/页脚"选项卡

图 4-38　"工作表"选项卡

2）打印输出

操作提示：

（1）在打印前可先预览效果（预览彩色表效果，必须预装彩色打印机驱动程序。）单击工作界面的右下角"页面布局"查看按钮，快速进行打印前的预览。发现问题可单击"普通"按钮返回编辑。

（2）开始打印。单击"文件"选项卡中的"打印"按钮，选择好所用打印机、打印份数，再次确认打印设置后单击"打印"按钮即可完成打印输出，如图 4-39 所示。

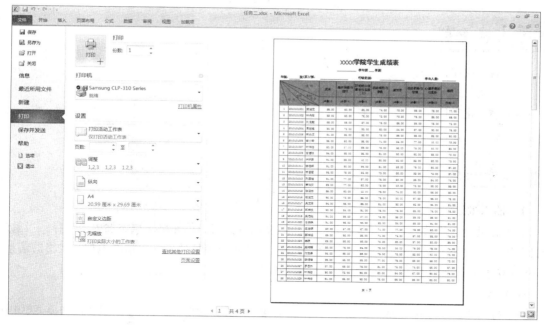

图 4-39　确认打印

任务 3　制作销售业绩统计表

任务情境

销售业绩统计表是一种在商业领域常见的表格，如图 4-40 所示。它能真实、准确地反映出销售人员在不同时期的工作业绩，对企业在不同时期各种商品的销售策略的更新、人员的管理等起到促进的作用。本任务将完成一份"六月份销售业绩统计表"（见图 4-40），在表中使用公式计算，在公式中应用单元格，从而快捷、准确地得到计算结果。最后为工作簿加密，保障其安全。在完成任务中将会使用 Excel 中的公式和表达式来进行数据的运算和统计，以及 Excel 文件的保护等。

六月份销售业绩统计表

本月个人任务额：　12,000

工号	姓名	商品A		商品B		商品C		销售总额	超任务额度	销售提成
		销售数量	单价	销售数量	单价	销售数量	单价			
001	李红	11		8		15		14,870.00	2,870.00	143.50
002	张海强	7		13		15		15,730.00	3,730.00	186.50
003	赵齐亮	12		21		14		20,100.00	8,100.00	405.00
004	王梅	20		11		24		23,780.00	11,780.00	589.00
005	刘之果	18		12		18		20,340.00	8,340.00	417.00
006	韩叶	14	￥ 310.00	14	￥ 420.00	12	￥ 540.00	16,700.00	4,700.00	235.50
007	张丽林	16		14		18		19,490.00	7,490.00	374.50
008	李飞飞	12		13		16		17,820.00	5,820.00	291.00
009	肖燕	9		18		14		17,910.00	5,910.00	295.50
010	郝海涛	17		20		17		22,540.00	10,540.00	527.00
合计		136		144		161		189,270.00	69,270.00	3,463.50

图 4-40　销售业绩统计表

任务分解

（1）插入批注；

（2）使用公式计算数据及单元格引用；

（3）格式化表格；

（4）加密工作簿。

任务实施

1. 插入批注

大家在处理表格数据时，有时需要对重要数据的单元格或单元格区域添加内容注释，当鼠标指针移至含批注单元格时将自动弹出注释信息框，以便查看表格的人能更清晰地理解表格的信息。Excel 2010 提供了批注的操作，可轻松达到这个效果。

操作提示：

（1）打开"任务三.xlsx"素材，选择"超任务额度"所在单元格 J3，右击，在弹出的快捷菜单中选择"插入批注"命令，在输入框中输入内容"指的是销售总额超出本月个人任务额的部分。"单击任意单元格确认即可完成插入，如图 4-41 所示。含有批注的单元格右上角会有红色小三角提示。

（2）再次选择单元格 J3，右击鼠标后可对当前批注进行编辑、删除、显示操作。

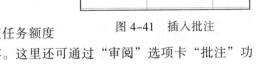

图 4-41　插入批注

（3）依照上述方式，在单元格 K3 中输入"按超任务额度的 5%进行提成，将随当月工资一并发放。"批注内容。这里还可通过"审阅"选项卡"批注"功能组中的"新建批注"按钮实现"插入批注"操作。

2. 使用公式计算数据及单元格引用

Excel 2010 不仅只是绘制表格，而且能使用算术公式对单元格中的数据进行运算，得到相应的结果。因为表格中的数据存放在单元格中，所以在公式中通过引用单元格地址来实现对单元格数据的计算，这种方式叫做"单元格引用"。

Excel 中输入的公式结构与日常公式有所不同，如求"11*310+8*420+15*540"，在 Excel 中应当表示为"=11*310+8*420+15*540"。

"="表示将要输入的是一个公式，"11、310、8、420、15、540"是参与计算的数据，"+"、"*"是运算符号。

如果公式中的数据是存放在单元格中的，则需要在公式中引用单元格，例如前面的公式"=11*310+8*420+15*540"中的数据，"11"位于单元格 C5、"310"位于单元格 D5、"8"位于单元格 E5、"420"位于单元格 F5、"15"位于单元格 G5、"540"位于单元格 H5，通过引用单元格，可以得出公式"=C5*D5+E5*F5+G5*H5"，其计算结果是一样的。

单元格引用方式分为相对引用、绝对引用、混合引用 3 种。在编辑栏中选择单元格地址按【F4】键可进行循环切换。

"相对引用"是 Excel 默认的单元格引用方式，它只引用公式的结构。公式中直接引用单元格地址，如"C5、D5"等。在这种引用状态下，复制或移动公式到其他单元格时，引用会根据当前行号和列标自动发生改变。

"绝对引用"是引用公式的结果。指公式所引用的单元格是固定不变的。在这种引用状态下，无论将其移动或复制到其他任何一个单元格中，都将引用同一个固定的单元格，计算结果不会因为公式所在单元格位置的改变而发生变化。方法是在单元格行号、列标前加"$"符号，如"$C$5"。

"混合引用"指引用单元格的行或列其中一个是相对的，一个是绝对的。如"$D5"或"D$5"。

当引用的是其他工作簿中的单元格时，其结构为"=[工作簿名]工作表名!单元格地址"，如"=[任务二.xlsx]参照结果!$K$6"，引用的是"任务二.xlsx"工作簿中"参照结果"工作表单元格"K6"的内容。如果"任务二.xlsx"工作簿已关闭，则在引用中其结构位置处显现该工作簿的存放路径。

操作提示：

（1）选择单元格 I5，输入"="，单击单元格 C5，依次输入运算符号并单击要引用的单元格。完成公式"=C5*D5+E5*F5+G5*H5"的输入后单击编辑栏中的"输入"按钮，如图 4-42 所示。

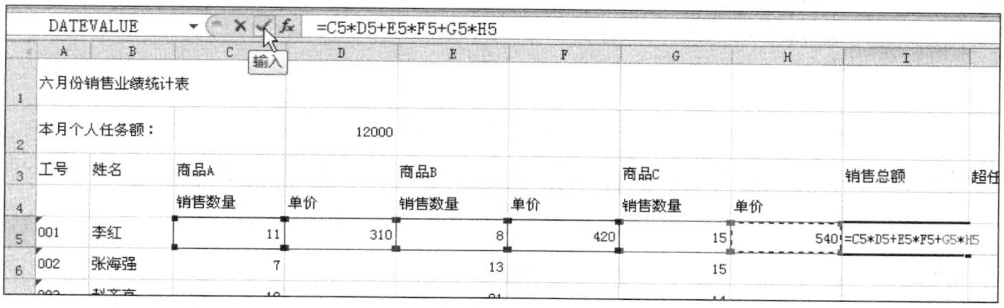

图 4-42　引用单元格

（2）因为每种商品的单价是固定的，所以在编辑栏中分别将公式中的单元格"D5、F5、H5"的行号、列标前添加"$"，然后使用填充句柄复制至单元格 I14，如图 4-43 所示。

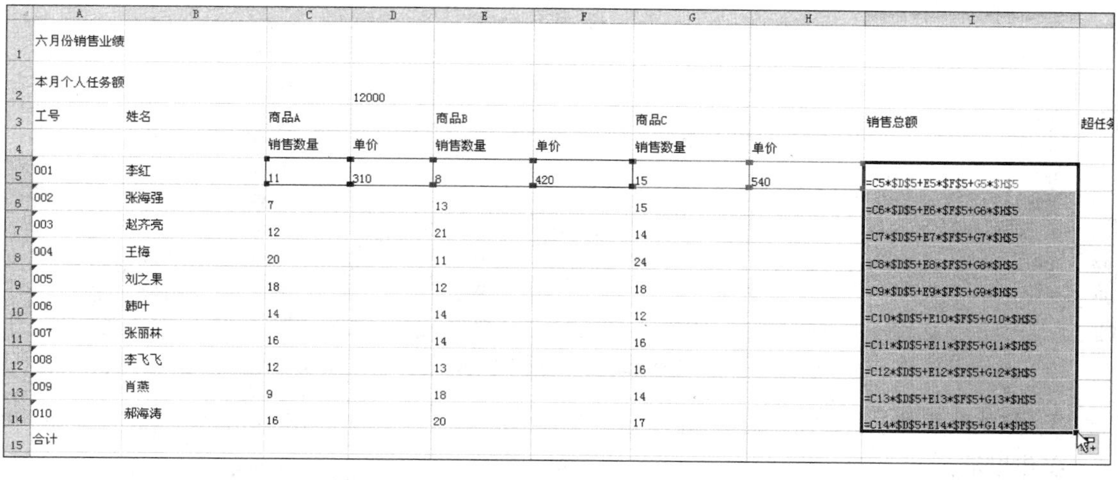

图 4-43　自动填充

（3）选择单元格 J5，设定公式"=I5-$D$2"；选择单元格 K5，设定公式"=J5*0.05"，分别使用填充句柄复制公式到单元格 J14 和 K14，如图 4-44 所示。

I	J	K
销售总额	超任务额度	销售提成
=C5*$D$5+E5*$F$5+G5*$H$5	=I5-$D$2	=J5*0.05
=C6*$D$5+E6*$F$5+G6*$H$5	=I6-$D$2	=J6*0.05
=C7*$D$5+E7*$F$5+G7*$H$5	=I7-$D$2	=J7*0.05
=C8*$D$5+E8*$F$5+G8*$H$5	=I8-$D$2	=J8*0.05
=C9*$D$5+E9*$F$5+G9*$H$5	=I9-$D$2	=J9*0.05
=C10*$D$5+E10*$F$5+G10*$H$5	=I10-$D$2	=J10*0.05
=C11*$D$5+E11*$F$5+G11*$H$5	=I11-$D$2	=J11*0.05
=C12*$D$5+E12*$F$5+G12*$H$5	=I12-$D$2	=J12*0.05
=C13*$D$5+E13*$F$5+G13*$H$5	=I13-$D$2	=J13*0.05
=C14*$D$5+E14*$F$5+G14*$H$5	=I14-$D$2	=J14*0.05

图 4-44　复制公式

（4）计算商品 A 销售数量合计，选择单元格区域 C5:C15，在"公式"选项卡中单击"函数库"功能组中的"自动求和"按钮，结果显示在单元格 C15。参照此操作分别求出其余的"合计"数，如图 4-45 所示。

六月份销售业绩统计表										
本月个人任务额：			12000							
工号	姓名	商品A		商品B		商品C		销售总额	超任务额度	销售提成
		销售数量	单价	销售数量	单价	销售数量	单价			
001	李红	11	310	8	420	15	540	14870	2870	143.5
002	张海强	7		13		15		15730	3730	186.5
003	赵齐亮	12		21		14		20100	8100	405
004	王梅	20		11		24		23780	11780	589
005	刘之果	18		12		18		20340	8340	417
006	鄯叶	14		14		12		16700	4700	235
007	张丽林	16		14		16		19480	7480	374
008	李飞飞	12		13		16		17820	5820	291
009	肖燕	9		18		14		17910	5910	295.5
010	郝海涛	16		20		17		22540	10540	527
合计		135		144		161		189270	69270	3463.5

图 4-45　求出合计数

3.格式化表格

操作提示：

（1）分别选择单元格 D5、F5、H5，在"开始"选项卡中单击"数字"功能组的对话框开启按钮，弹出"设置单元格格式"在对话框，选择"数字"项为"会计专用"，如图 4-46 所示。

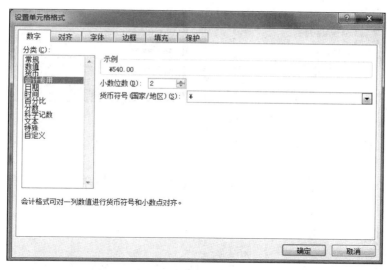

图 4-46　"数字"选项卡

（2）选择单元格区域 I5:K15，按上述方法设置，"货币符号"选择"无"。

（3）根据需要合并单元格、设置单元格字体、字号、对齐方式、边框、底纹等，最后按 A4 纸张大小输出的要求合理进行页面设置，最终结果如图 4-40 所示。

4．加密工作簿

为工作簿设定密码是最有效的工作簿加密方法。这样打开或者修改工作簿时，必须输入密码才能完成，从而对数据起到保护作用，防止数据泄露。

操作提示：

（1）在"文件"选项卡中单击"信息"按钮，在右侧窗口中选择"保护工作簿"下拉列表中的"用密码进行加密"选项，如图 4-47 所示。设置密码，确定后再次输入密码确认即可，如图 4-48 所示。下次打开文档时将弹出提示框要求输入正确的密码。

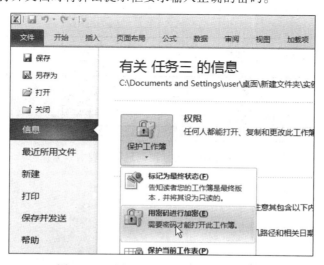

图 4-47　选择"用密码进行加密"选项

图 4-48　设置密码

（2）可重新设置或取消密码。

任务 4　制作游泳培训班明细表

任务情境

　　游泳培训机构使用"培训明细表"对某个时期开班情况做详细记录，如图 4-49 所示。要从其繁杂的数据中找到所需的数据进行统计分析，工作量大，容易出错。为了能准确地对项目归类、统计出有可比性的数据内容，需要建立"游泳培训班统计表"，如图 4-50 所示。对此首先利用公式完善"游泳培训班明细表"中的有关数据作为数据源。然后在"游泳培训班统计表"中用 Excel 2010 的公式函数功能分类统计。最后为防止工作簿结构及单元格数据被篡改，为其添加必要的安全措施。在完成任务中将会用到在 Excel 工具中的公式和函数运算，数据隐藏，以及工作簿保护等。

××××年游泳培训班明细表

班期	项目	费用（元/人）	报名人数	总计（元）	备注
第一期	亲水班	360.00	23	8,280.00	
	包会班	500.00	68	34,000.00	
	提高班	400.00	32	12,800.00	
	精英A	300.00	16	4,800.00	
	精英B	300.00	26	7,800.00	
	飞鱼班	600.00	21	12,600.00	
第二期	包会班	500.00	70	35,000.00	
	提高班	400.00	45	18,000.00	
	精英A	300.00	23	6,900.00	
	精英B	300.00	16	4,800.00	
	飞鱼班	600.00	13	7,800.00	
第三期	包会班	500.00	63	31,500.00	
	提高班	400.00	54	21,600.00	
	精英A	300.00	20	6,000.00	
	自由泳班	400.00	31	12,400.00	
第四期	包会班	500.00	51	25,500.00	
	提高班	400.00	38	15,200.00	
	精英A	300.00	19	5,700.00	
	自由泳班	400.00	26	10,400.00	
	蝶泳班	500.00	19	9,500.00	
合计			674	290,580.00	

图 4-49　游泳培训班明细表

任务分解

　　（1）使用公式计算数据；

　　（2）运用函数；

　　（3）隐藏数据；

　　（4）保护工作簿。

图 4-50　游泳培训班统计表

任务实施

1. 使用公式计算数据

打开"任务四.xlsx"素材利用设定公式、单元格引用完善"明细表素材"中的有关数据。

操作提示：

（1）在"明细表素材"中因"总计=费用×报名人数"，故选择单元格 E3 设置公式"=D3*C3"，确认后再次选择此单元格使用填充句柄复制公式至单元格 E22。

（2）选择单元格区域 D4:D23，单击"公式"选项卡中的"自动求和"按钮；再选择单元格 D23 使用填充句柄复制公式至单元格 E23。

（3）在"开始"选项卡的"数字"功能组中设置此单元格为"常规"。至此，分别求出了对应"合计"数，如图 4-51 所示。

××××游泳培训班明细表					
班期	项目	费用（元/人）	报名人数	总计（元）	备注
第一期	亲水班	360	23	8,280.00	
	包会班	500	68	34,000.00	
	提高班	400	32	12,800.00	
	精英A	300	16	4,800.00	
	精英B	300	26	7,800.00	
	飞鱼班	600	21	12,600.00	
第二期	包会班	500	70	35,000.00	
	提高班	400	45	18,000.00	
	精英A	300	23	6,900.00	
	精英B	300	16	4,800.00	
	飞鱼班	600	13	7,800.00	
第三期	包会班	500	63	31,500.00	
	提高班	400	54	21,600.00	
	精英A	300	20	6,000.00	
	自由泳班	400	31	12,400.00	
第四期	包会班	500	51	25,500.00	
	提高班	400	38	15,200.00	
	精英A	300	19	5,700.00	
	自由泳班	400	26	10,400.00	
	蝶泳班	500	19	9,500.00	
合计			674	290,580.00	

填充句柄

图 4-51　使用填充句柄算出合计值

2．运用函数

使用强大的函数功能来满足"游泳班统计表"中的各种运算需求。在 Excel 中函数结构大致为"=函数名(参数,参数,....)"，"="表示函数开始，"函数名"表明此函数的用途，"参数"用于定义参与计算的数据或单元格引用。

1）插入函数

操作提示：

选择单元格后插入"函数"的两种常用方法：

方法一：在"公式"选项卡的"函数库"功能组中单击对应的函数类别按钮。

方法二：单击编辑栏左边"插入函数"按钮 f_x，弹出插入函数对话框，即可选择需要的函数。

2）设置函数的参数

操作提示：

（1）打开"统计表素材"，这里"开班次数"实际只要统计出"明细表素材"中各个"项目"的单元格数目即可。

（2）选择单元格 B3，打开"插入函数"对话框，选择函数"COUNTIF"后，下方提示函数的用途说明，如图 4-52 所示。单击"确定"按钮后，此函数有两个参数 Range（指定的区域）右边填充区输入"明细表素材!B3:B22"；Criteria（给出的条件）右边填充区输入"A3"，得到计算结果 =1（意思是在指定的区域内能满足给定条件的单元格数目是 1），如图 4-53 所示，确定后此结果将显示在单元格 B3 中。

图 4-52　"插入函数"对话框　　　　　图 4-53　"函数参数"对话框

3）引用单元格

操作提示：

选择单元格 B3，在编辑栏将参数区中单元格区域 B3:B22 设置为绝对引用。接着使用填充句柄复制此单元格函数至单元格 B10，如图 4-54 所示。

4）插入其他函数

操作提示：

按上述方法分别在单元格 C3、D3 插入函数 SUMIF，输入参数时可以单击被引用的单元格或区域，降低手动输入的出错概率，再使用填充句柄分别填充对应函数至单元格 C10、D10，如图 4-55 所示。

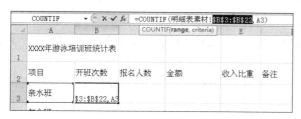

图 4-54　引用单元格

图 4-55　完成效果

Excel 中常用函数如表 4-1 所示。

表 4-1　常用函数表

函 数 名	语 法	功 能
SUM	SUM(number1,number2,…)	返回各个参数相加的总和
AVERAGE	AVERAGE(number1,number2,…)	返回参数的算术平均值
MAX	MAX(number1,number2,…)	返回参数中的最大值
MIN	MIN(number1,number2,…)	返回参数中的最小值
COUNT	COUNT(value1,value2,…)	返回参数中数值单元格的数目
COUNTIF	COUNTIF(range,criteria)	返回在 range 区域中满足条件 criteria 的单元格数目
SUMIF	SUMIF (range,criteria,sum_range)	返回在 range 区域中满足条件 criteria 的对象，对应在 sum_range 区域的单元格求和的值

续表

函 数 名	语　法	功　能
IF	IF(logical_test,value_if_true,value_if_false)	判断条件 logical_test 真假，如果真则返回 value_if_true，如果则假返回 value_if_false
RANK	RANK(number,ref,order)	返回 number 这个数字在数字列表 Ref 中的排位。数字的排位是其大小与列表中其他值的比值（如果列表已排过序，则数字的排位就是它当前的位置）

5）运用表达式和函数完成其他计算

操作提示：

（1）计算收入比重，选择单元格 E3，输入公式"=D3/明细表素材!$E$23"，利用填充句柄复制至单元格 E10。

（2）选择单元格区域 E3:E11，在"开始"选项卡的"数字"功能组中单击%按钮，如图 4-56 所示。

图 4-56　百分比样式设置

（3）在"公式"选项卡中，单击"函数库"功能组中的"自动求和"按钮，分别对单元格 B11、C11、D11、E11 进行求和，如图 4-57 所示。

	A	B	C	D	E
1	XXXX年游泳培训班统计表				
2	项目	开班次数	报名人数	金额	收入比重	备注
3	亲水班	1	23	8,280.00	2.8%	
4	包会班	4	252	126,000.00	43.4%	
5	提高班	4	169	67,600.00	23.3%	
6	精英A	4	78	23,400.00	8.1%	
7	精英B	2	42	12,600.00	4.3%	
8	飞鱼班	2	34	20,400.00	7.0%	
9	自由泳班	2	57	22,800.00	7.8%	
10	蝶泳班	1	19	9,500.00	3.3%	
11	总计	20	674	290,580.00	100.0%	

图 4-57　自动求和结果

6）格式化表格

操作提示：

分别格式化"游泳培训班明细表"、"游泳培训班统计表"两个工作表，包括设置字体、字号、数据格式、对齐方式、单元格合并、边框、底纹等。最终结果如图 4-49 和图 4-50 所示。

3．隐藏数据

数据的隐藏是一种保护数据的方法，能将重要的数据表或数据隐藏起来，防止他人查看。根据不同需求，可以隐藏工作簿、工作表、行或列，以及让单元格不显示数据等。

1）隐藏工作簿

当暂时不需要查看或编辑工作簿，或者临时离开计算机而不关闭 Excel 2010 时，可以隐藏工作簿。

操作提示：

（1）打开"视图"选项卡，在"窗口"功能组中单击"隐藏"按钮，如图 4-58 所示。

（2）如需取消隐藏，单击"视图"选项卡"窗口"功能组中的"取消隐藏"按钮，选择要取消隐藏的工作簿名即可，如图 4-59 所示。

图 4-58 单击"隐藏"按钮

图 4-59 "取消隐藏"对话框

2）隐藏工作表

隐藏工作表，每个工作簿包含多张工作表，如某张工作表存放了重要的数据，可以将工作表隐藏起来。再打开此工作簿时，其他工作表可以正常使用，而隐藏的工作表并不会被显示出来的。

操作提示：

（1）右击需要隐藏的工作表标签，在弹出的快捷菜单选择"隐藏"命令，如图 4-60 所示。

图 4-60 选择"隐藏"命令

（2）如需取消隐藏的工作表。右击任意工作表标签，在弹出的快捷菜单中选择"取消隐藏"命令，在"取消隐藏"对话框中选取工作表名后单击"确定"按钮即可。

3）隐藏行或列

如果要防止某行、列的重要数据被查看或修改，可以将这些数据所在行或列隐藏起来。

操作提示：

（1）选择数据所在行或列中的任意一个单元格，在"开始"选项卡中，选择"单元格"功能组"格式"下拉列表中的"隐藏和取消隐藏→隐藏列"选项，如图 4-61 所示。

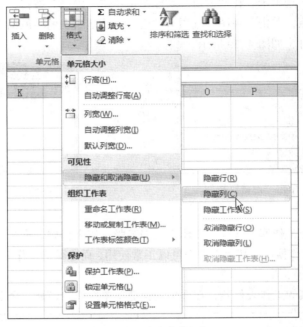

图 4-61　隐藏行/列

（2）如需将之前隐藏的行和列取消隐藏，只需在上述操作中最后一步选择"取消隐藏行/列"即可。

4）隐藏单元格数据

有时希望输出已存在数据或公式的空表格，在不影响表格结构样式前提下，对单元格的数据进行隐藏。比如需要隐藏"游泳班统计表"中数值数据。

操作提示：

（1）首先，选中单元格区域 B3:E11，右击，在弹出的快捷菜单中选择"设置单元格格式"命令，弹出"设置单元格格式"对话框，然后在"分类"列表框中选择"自定义"选项。在右侧的"类型"列表框中输入";;;"，如图 4-62 所示，单击"确定"按钮。此时这个区域的数据将被隐藏，但在编辑栏还是可以查看单元格中的数据或公式。

（2）如需取消单元格隐藏，分别选择被隐藏的单元格区域，重新设置恢复其原有单元格数字类型即可。

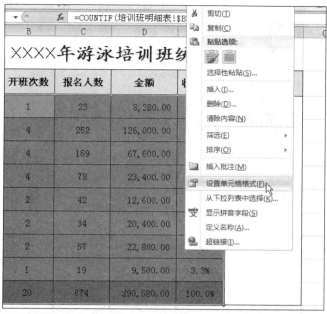

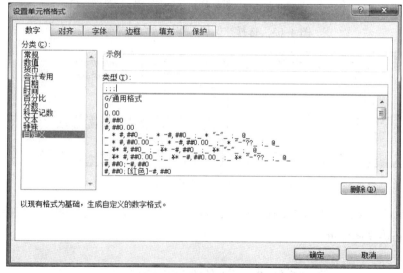

图 4-62　隐藏单元格数据

4. 保护工作簿结构、窗口

为限制用户对工作簿的更改，如在当前工作簿中添加或删除工作表等操作，可以对整个工作簿设置保护。

操作提示：

（1）在"文件"选项卡中单击"信息"按钮，选择"保护工作簿"下拉列表中的"保护工作簿结构"选项，如图 4-63 所示，弹出"保护结构和窗口"对话框，选择"结构"复选框，输入密码后确定并再次确认密码，如图 4-64 所示。

（2）保护后，将无法在工作簿中插入新工作表，同时不可操作"删除、重命名"等命令。

图 4-63　选择"保护工作簿结构"选项

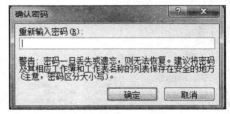

图 4-64　设置保护工作簿的结构和窗口

（3）如需撤销对工作簿的保护，按上述步骤至"保护工作簿结构"，则弹出"撤销工作簿保护"对话框，输入正确密码即可。

任务5　制作经费预算表

任务情境

"经费预算"表是单位各个部门提前对某个时期经费使用的一种申请表格，如图 4-65 所示。本次任务要格式化表格，使其简明易懂，层次分明；根据单位的有关规章制度定义表格中的公式，设置输入内容的有效性，对特定单元格加以保护，保证其内容不被修改。在完成任务中将会用到在 Excel 工具数据有效性的设置及单元格的保护等。

图 4-65　经费预算表格

任务分解

（1）格式化表格；
（2）设置数据有效性；
（3）保护单元格。

任务实施

1. 格式化表格

操作提示：

（1）打开"任务五.xlsx"素材，如图 4-66 所示。根据需要合并单元格，设置数字类型、字体、字号、对齐方式。

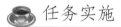

图 4-66　素材内容

（2）为表格添加边框、底纹等，完成后效果如图 4-67 所示。

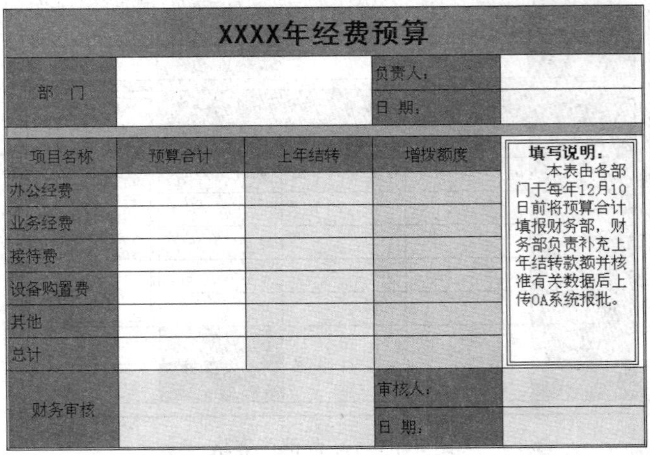

图 4-67 完成效果

（3）设置有关单元格中的公式和函数，如图 4-68 所示。

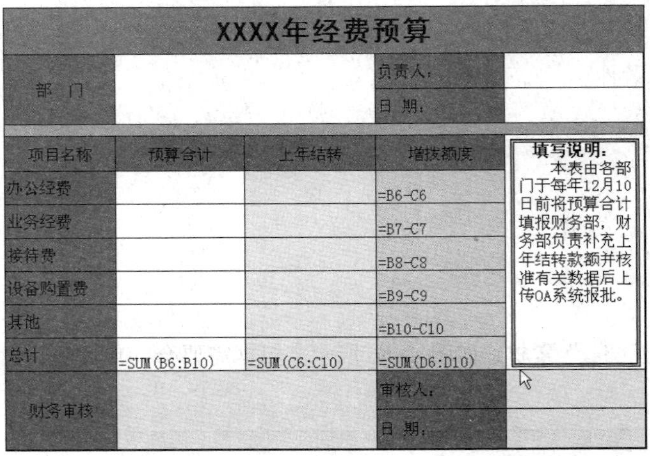

图 4-68 设置公式、函数

2. 设置数据有效性

在 Excel 中，可以限定输入单元格或单元格区域中的数据类型（整数、小数、序列、日期、时间、文本长度、自定义）及格式，也可以检查数据输入的规范性与准确性。从而进一步提高工作效率。

比如单位规定：各个部门每年填报的接待费预算不得超过 20 000 元/年，设备购置费不得超过 35 000 元/年。在表格中具体设置如下：

操作提示：

（1）选择单元格 B8，打开"数据"选项卡，在"数据工具"功能组选择"数据有效性"下拉列表中的"数据有效性"选项，如图 4-69 所示。在弹出的"数据有效性"对话框中，包含设置、输入信息、出错警告、输入法模式 4 个选项卡，如图 4-70 所示。

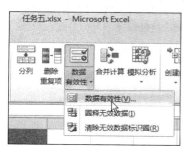

图 4-69 选择"数据有效性"选项

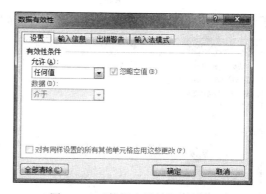

图 4-70 "数据有效性"对话框

（2）在"设置"选项卡中设置有效性条件，允许为"小数"，数据为"小于或等于"，最大值为"20000"，如图 4-71 所示。

（3）在"输入信息"选项卡中设置的是用户选择当前单元格时给予的提示信息，如图 4-72 所示。

图 4-71 "设置"选项卡

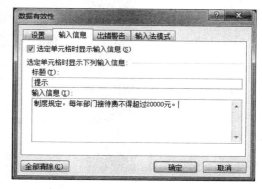

图 4-72 "输入信息"选项卡

（4）在"出错警告"选项卡设置当在单元格中输入无效数据时的处理方式：

① 样式为"停止"，是不允许输入错误数据的。

② 样式为"警告"，是让用户选择是否强行输入数据。

③ 样式为"信息"，是允许输入，并显示的警告信息，如图 4-73 所示。

（5）在"输入法模式"选项卡中，设定选中当前单元格时系统自动切换输入法模式，设定模式为"随意"时指选定此单元格时不改变当前输入法；为"打开"时指打开中文输入法；为"关闭"时指关闭中文输入法，如图 4-74 所示。

（6）单击"确定"按钮后完成单元格 B8 的有效性设置。按此操作完成对单元格 B9 设备购置费的有效性设置。

3. 保护单元格

为避免用户填写表格数据时不慎修改或删除表格中固定的文本内容及公式，可将这一部分的单元格区域锁定加以保护，这样用户就只能查看被锁定区域的数据。根据不同的需要，还可以在锁定区域中划定可编辑区，设定密码，只有持有密码的用户才允许编辑这部分区域。

操作提示：

（1）工作表中的单元格默认是锁定状态，但只有在工作表被保护时才有效。首先选择编辑不受限的填写区，单元格 B2、E2、E3 及单元格区域 B6:B10，如图 4-75 所示。

图 4-73 "出错警告"选项卡   图 4-74 "输入法模式"选项卡

图 4-75 选择单元格区域

（2）打开"开始"选项卡，在"单元格"功能组中选择"格式"下拉列表中的"设置单元格格式"选项，弹出"设置单元格格式"对话框，选择"保护"选项卡，取消选择"锁定"复选框，如图 4-76 所示，单击"确定"按钮。

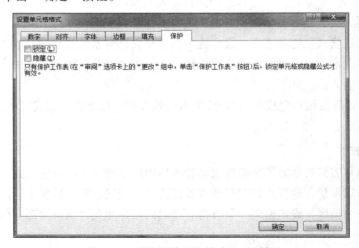

图 4-76 "设置单元格格式"对话框

（3）指定财务部门编辑区。选择"审阅"选项卡，在"更改"功能组中单击"允许用户编辑区域"按钮，在弹出的"允许用户编辑区域"对话框中单击"新建"命令，如图 4-77 所示。在"新区域"对话框中设置标题自定，引用单元格为"=B12,C6:C10,B12,B12,E12:E13"，区域密码为"123"，如图 4-78 所示。

图 4-77　"允许用户编辑区域"对话框

图 4-78　"新区域"对话框

（4）单击"确定"命令，再次输入确认密码后单击"确定"按钮，将返回"允许用户编辑区域"选项卡，单击"保护工作表"按钮，如图 4-79 所示。

（5）在弹出的"保护工作表"对话框中，选择允许用户对受保护工作表的操作项目，输入取消保护密码"123456"，确定后再重复确认密码，保护生效，如图 4-80 所示。此时，部门填写区不受限；财务部填写区需输入密码"123"才可编辑，如图 4-81 所示；其他单元格只可查看，错误操作显示提示，如图 4-82 所示。

图 4-79　单击"保护工作表"按钮

图 4-80　取消工作表保护密码

图 4-81　"取消锁定区域"对话框

图 4-82　错误操作提示

（6）如需取消保护，在"审阅"选项卡中单击"更改"功能组中的"撤销工作表保护"按钮，输入取消密码即可。

任务6   制作上半年电视专柜销售情况表

任务情境

"上半年电视专柜销售情况表"是商场统计员工上半年销售电视情况的一种报表，其基本内容如图 4-83 所示，能统计出各个业务员在每个月的业绩和不同产品的销售情况。本任务是要按相关关键字对表格进行排序（如按销售员、产品等），按给定的条件对数据进行筛选（如销售额大于20 000 或者小于 5 000 的数据），将不符合条件的数据隐藏，按关键字对上半年电视专柜销售情况表进行数据汇总（如产品、月份、销售额等），最后生成可以对上半年电视专柜销售情况表进行深入分析，分类汇总，并且可以自定义计算和公式的数据透视表。在完成任务的过程中将会用到在 Excel 中对数据的分析功能，包括排序、筛选、分类汇总以及建立数据透视表等。

序号	月份	销售员	产品	型号	单价	数量	销售额
001	一月	张 勇	夏普	LD42D	7900	3	23700
002	二月	张 勇	海尔	LC53C	6580	3	19740
003	三月	张 勇	索尼	LD48AX	5600	5	28000
004	四月	张 勇	东芝	LC50D	7120	3	21360
005	五月	张 勇	创维	LC43ZS	5100	5	25500
006	六月	张 勇	海信	LD42C	4830	3	14490
007	一月	王 亮	索尼	LD48AX	5600	3	16800
008	二月	王 亮	索尼	LD52DS	7860	2	15720
009	三月	王 亮	夏普	LD42D	7900	2	15800
010	四月	王 亮	夏普	LC48Z100	8650	2	17300
011	五月	王 亮	东芝	LC50D	7120	5	35600
012	六月	王 亮	创维	LC43ZS	5100	5	25500
013	一月	何莉莉	海尔	LC53C	6580	2	13160
014	二月	何莉莉	索尼	LD48AX	5600	5	28000
015	三月	何莉莉	东芝	LC50D	7120	2	14240
016	四月	何莉莉	夏普	LC48Z100	8650	3	25950
017	五月	何莉莉	东芝	LC50D	7120	1	7120
018	六月	何莉莉	东芝	LD48HZ	6890	2	13780
019	一月	刘穗燕	创维	LC43ZS	5100	3	15300
020	二月	刘穗燕	海信	LD42C	4830	1	4830
021	三月	刘穗燕	索尼	LD48AX	5600	2	11200
022	四月	刘穗燕	夏普	LC48Z100	8650	3	25950
023	五月	刘穗燕	东芝	LC50D	7120	2	14240
024	六月	刘穗燕	创维	LC43ZS	5100	2	10200

上半年电视专柜销售情况表

图 4-83   上半年电视专柜销售情况表

任务分解

（1）数据排序；
（2）数据筛选；
（3）汇总数据；
（4）使用数据透视表。

任务实施

1. 数据排序

打开"任务六.xlsx"素材，表格中指定行列的数据，按一定的规则升或降序排列。

1）按"销售额"降序排序

操作提示：

（1）选择表格数据区任意一单元格。

（2）选择"数据"选项卡，在"排序和筛选"功能组中单击"排序"按钮，在弹出的"排序"对话框中设置"主要关键字"为"销售额"，并设为"降序"排序，如图 4-84 所示。单击"确定"按钮，效果如图 4-85 所示。

图 4-84　排序对话框

	A	B	C	D	E	F	G	H
1	上半年电视专柜销售情况表							
2	序号	月份	销售员	产品	型号	单价	数量	销售额
3	011	五月	王　亮	东芝	LC50D	7120	5	35600
4	003	三月	张　勇	索尼	LD48AX	5600	5	28000
5	014	二月	何莉莉	索尼	LD48AX	5600	5	28000
6	016	四月	何莉莉	夏普	LC48Z100	8650	3	25950
7	022	四月	刘穗燕	夏普	LC48Z100	8650	3	25950
8	005	五月	张　勇	创维	LC43ZS	5100	5	25500
9	012	六月	王　亮	创维	LC43ZS	5100	5	25500
10	001	一月	张　勇	夏普	LD42D	7900	3	23700
11	004	四月	张　勇	东芝	LC50D	7120	3	21360
12	002	二月	张　勇	海尔	LC53C	6580	3	19740
13	010	四月	王　亮	夏普	LC48Z100	8650	2	17300
14	007	一月	王　亮	索尼	LD48AX	5600	3	16800
15	009	三月	王　亮	夏普	LD42D	7900	2	15800
16	008	二月	王　亮	索尼	LD52DS	7860	2	15720
17	019	一月	刘穗燕	创维	LC43ZS	5100	3	15300
18	006	六月	张　勇	海信	LD42C	4830	3	14490
19	015	三月	何莉莉	东芝	LC50D	7120	2	14240
20	023	五月	刘穗燕	东芝	LC50D	7120	2	14240
21	018	六月	何莉莉	东芝	LD48HZ	6890	2	13780
22	013	一月	何莉莉	海尔	LC53C	6580	2	13160
23	021	三月	刘穗燕	索尼	LD48AX	5600	2	11200
24	024	六月	刘穗燕	创维	LC43ZS	5100	2	10200
25	017	五月	何莉莉	东芝	LC50D	7120	1	7120
26	020	二月	刘穗燕	海信	LD42C	4830	1	4830

图 4-85　排序结果

2）按"月份"、"销售员"升序排序（月份优先）

操作提示：

（1）选择表格数据区任意单元格。

（2）选择"数据"选项卡，在"排序和筛选"功能组中单击"排序"按钮，在弹出的对话框中设置"主要关键字"为"月份"，"次序"为"自定义序列"排序，如图 4-86 所示。弹出"自定义序列"对话框，选择"自定义序列"列表框中的"一月、二月、三月、四月、五月"项，如图 4-87 所示，单击"确定"按钮返回"排序"对话框。

（3）在"排序"对话框中单击"添加条件"按钮，添加一个"次要关键字"并设置为"销售员"，同样为"升序"，如图 4-88 所示。

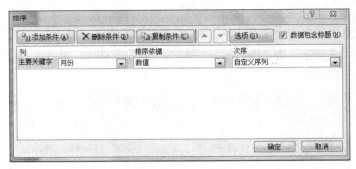

图 4-86　设置排序

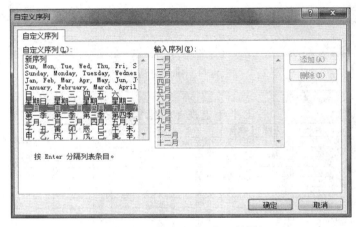

图 4-87　"自定义序列"对话框

图 4-88　完成设置排序

（4）单击"确定"按钮，结果如图 4-89 所示。

除了上述方法外，Excel 还可在"排序"对话框中单击"选项"按钮，在弹出的"排序选项"对话框中设置排序方向按"列"排序（当关键字存在于不同列时）；按"行"排序（当关键字存在于不同行时）如图 4-90 所示。也可以在表格中选择某关键字单元格，使用"排序和筛选"功能组中的"升序"或"降序"按钮进行快速排序，如图 4-91 所示。

序号	月份	销售员	产品	型号	单价	数量	销售额
		上半年电视专柜销售情况表					
013	一月	何莉莉	海尔	LC53C	6580	2	13160
019	一月	刘穗燕	创维	LC43ZS	5100	3	15300
007	一月	王　亮	索尼	LD48AX	5600	3	16800
001	一月	张　勇	夏普	LD42D	7900	3	23700
014	二月	何莉莉	索尼	LD48AX	5600	5	28000
020	二月	刘穗燕	海信	LD42C	4830	1	4830
008	二月	王　亮	索尼	LD52DS	7860	2	15720
002	二月	张　勇	海尔	LC53C	6580	3	19740
015	三月	何莉莉	东芝	LC50D	7120	2	14240
021	三月	刘穗燕	索尼	LD48AX	5600	2	11200
009	三月	王　亮	夏普	LD42D	7900	2	15800
003	三月	张　勇	索尼	LD48AX	5600	5	28000
016	四月	何莉莉	夏普	LC48Z100	8650	3	25950
022	四月	刘穗燕	夏普	LC48Z100	8650	3	25950
010	四月	王　亮	夏普	LC48Z100	8650	2	17300
004	四月	张　勇	东芝	LC50D	7120	3	21360
017	五月	何莉莉	东芝	LC50D	7120	1	7120
023	五月	刘穗燕	东芝	LC50D	7120	2	14240
011	五月	王　亮	东芝	LC50D	7120	5	35600
005	五月	张　勇	创维	LC43ZS	5100	5	25500
018	六月	何莉莉	东芝	LD48HZ	6890	2	13780
024	六月	刘穗燕	创维	LC43ZS	5100	2	10200
012	六月	王　亮	创维	LC43ZS	5100	5	25500
006	六月	张　勇	海信	LD42C	4830	3	14490

图 4-89　排序结果

图 4-90　排序选项

图 4-91　快速排序按钮

2．数据筛选

将表中符合给定条件的数据显示出来，把不符合条件的数据隐藏，从而在庞大的数据表中快速地查看和编辑特定数据内容。Excel 为我们提供了"自动筛选"和"高级筛选"两种筛选模式。下面分别使用这两种模式筛选出需要的内容。

1）使用自动筛选，选出符合条件为产品为"夏普"的内容

操作提示：

（1）选择表格数据区任意一单元格，单击"数据"选项卡"排序和筛选"功能组中的"筛选"按钮，此时，在表格中关键字的单元格中会出现下拉倒三角标示，如图 4-92 所示。

图 4-92　筛选标示

（2）单击关键字"产品"边上的倒三角，从展开的列表中将（全选）前面的"√"取消，再选择"夏普"复选框，如图 4-93 所示。单击"确定"按钮后则筛选出"产品"类型全部为"夏普"的记录，如图 4-94 所示。

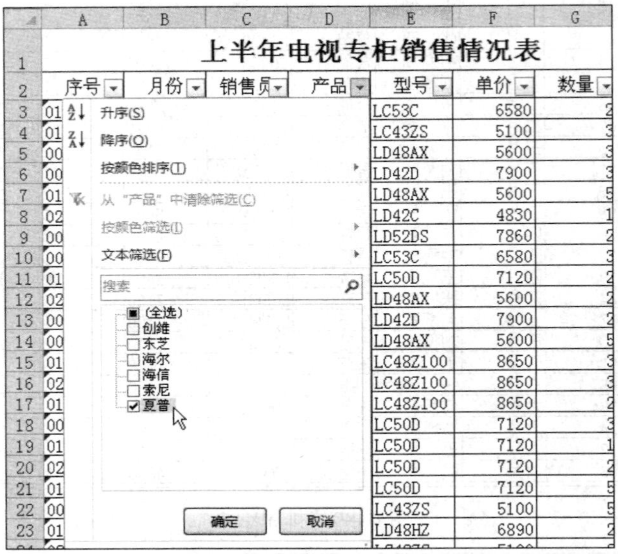

图 4-93　选择筛选内容

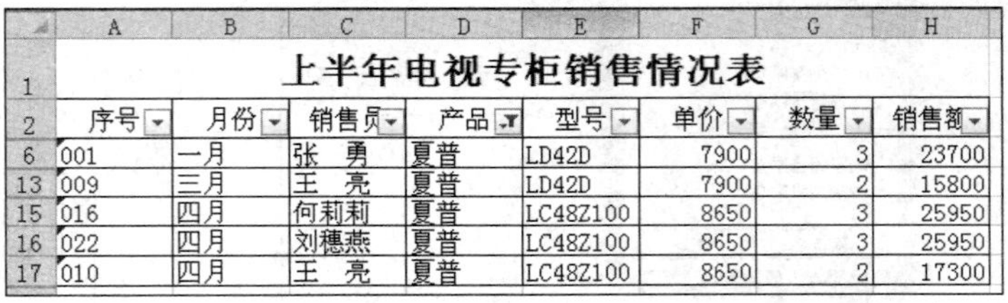

	序号	月份	销售员	产品	型号	单价	数量	销售额
6	001	一月	张　勇	夏普	LD42D	7900	3	23700
13	009	三月	王　亮	夏普	LD42D	7900	2	15800
15	016	四月	何莉莉	夏普	LC48Z100	8650	3	25950
16	022	四月	刘穗燕	夏普	LC48Z100	8650	3	25950
17	010	四月	王　亮	夏普	LC48Z100	8650	2	17300

上半年电视专柜销售情况表

图 4-94　筛选结果

按此操作，可以根据需要同时对多个不同关键字进行条件筛选。未进行筛选的关键字旁边显示为⯆，已筛选的则显示为⯆。取消某关键字的筛选，展开该关键字的下拉列表选择"从'产品'中清除筛选"选项即可，如图 4-95 所示。也可通过"排序和筛选"功能组中的"清除"按钮，取消所有筛选。

图 4-95　取消关键字筛选

2）利用"自定义筛选"完成更复杂的筛选

要进行更复杂的筛选，如在"销售额"中同时筛选出 20000 以上或者在 5000 以下的记录，就需要在对应关键字下拉列表中选择"数字筛选"→"自定义筛选"选项来完成。

操作提示：

（1）确认表格中所有关键字数据处于待筛选状态，在"销售额"下拉列表中选择"数字筛选"→"自定义筛选"命令，如图 4-96 所示。

（2）在弹出的"自定义自动筛选方式"对话框，设置内容如图 4-97 所示。单击"确定"按钮后，结果如图 4-98 所示。

图 4-96　选择"自定义筛选"命令

图 4-97　"自定义自动筛选方式"对话框

	A	B	C	D	E	F	G	H
1	上半年电视专柜销售情况表							
2	序号	月份	销售员	产品	型号	单价	数量	销售额
6	001	一月	张 勇	夏普	LD42D	7900	3	23700
7	014	二月	何莉莉	索尼	LD48AX	5600	5	28000
8	020	二月	刘穗燕	海信	LD42C	4830	1	4830
14	003	三月	张 勇	索尼	LD48AX	5600	5	28000
15	016	四月	何莉莉	夏普	LC48Z100	8650	3	25950
16	022	四月	刘穗燕	夏普	LC48Z100	8650	3	25950
18	004	四月	张 勇	东芝	LC50D	7120	3	21360
21	011	五月	王 亮	东芝	LC50D	7120	5	35600
22	005	五月	张 勇	创维	LC43ZS	5100	5	25500
25	012	六月	王 亮	创维	LC43ZS	5100	5	25500

图 4-98　自定义筛选结果

3）使用高级筛选

使用高级筛选能完成对数据表比较庞大，并且存在多个筛选关键字条件时的筛选任务，如筛选出"月份"为五月或"产品"为夏普的记录。

操作提示：

（1）选择"上半年电视专柜销售情况表"区域外的某个空白单元格区域。

（2）设置高级筛选条件，条件区域至少为两行，第一行为关键字，以下各行为相应的条件值，如图 4-99 所示。条件值不同行时逻辑关系为"或"，条件值同行时逻辑关系为"与"。

（3）选择数据表中任一单元格，在"数据"选项卡中的"排序和筛选"功能组，单击"高级"按钮，弹出"高级筛选"对话框，设置如图 4-100 所示。

（4）其中，"列表区域"指要筛选的数据区域；"条件区域"指含筛选条件的区域。单击"确定"按钮，结果如图 4-101 所示。

	月份	产品
28		
29	五月	
30		夏普
31		
32		

图 4-99　高级筛选条件

图 4-100　高级筛选对话框

序号	月份	销售员	产品	型号	单价	数量	销售额
001	一月	张　勇	夏普	LD42D	7900	3	23700
009	三月	王　亮	夏普	LD42D	7900	2	15800
016	四月	何莉莉	夏普	LC48Z100	8650	3	25950
022	四月	刘穗燕	夏普	LC48Z100	8650	3	25950
010	四月	王　亮	夏普	LC48Z100	8650	2	17300
017	五月	何莉莉	东芝	LC50D	7120	1	7120
023	五月	刘穗燕	东芝	LC50D	7120	2	14240
011	五月	王　亮	东芝	LC50D	7120	5	35600
005	五月	张　勇	创维	LC43ZS	5100	5	25500

图 4-101　高级筛选结果

3．数据汇总

数据汇总是非常实用的数据表分析和统计的方法。利用这项功能可以方便地汇总一个或多个数据源中的数据，也可将数据按一定规律分类后，再对其进行各种汇总。

1）使用合并计算

操作提示：

（1）在数据表区外选择任一空白单元格，作为要显示合并数据区域中左上方的单元格。

（2）选择"数据"选项卡，在"数据"功能组中单击"合并计算"按钮，弹出"合并计算"对话框。在"函数"下拉列表中选择函数（求和、平均数等），在"引用位置"输入框中选定单元格区域$B$2:$H$26，即选择工作表中的全部数据。在"标签位置"中选择"首行"及"最左列"复选框，即工作表中"首行"和"最左列"的内容作为"标签"而非数据参与合并计算，如图 4-102所示。

图 4-102　"合并计算"对话框

（3）单击"确定"按钮后，显示计算结果如图 4-103 所示。最后，将"单价"项没有意义的求和数据删除即可。

	销售员	产品	型号	单价	数量	销售额
一月				25180	11	68960
二月				24870	11	68290
三月				26220	11	69240
四月				33070	11	90560
五月				26460	13	82460
六月				21920	12	63970

图 4-103　合并计算结果

2）使用分类汇总

在对数据进行分类汇总前，必须先对数据项中要汇总的关键字进行排序。这里按"产品"对表中的"数量"和"销售额"进行汇总求和。

操作提示：

（1）选择"产品"列中任一单元格，使用"升序"按钮排序，结果如图 4-104 所示。

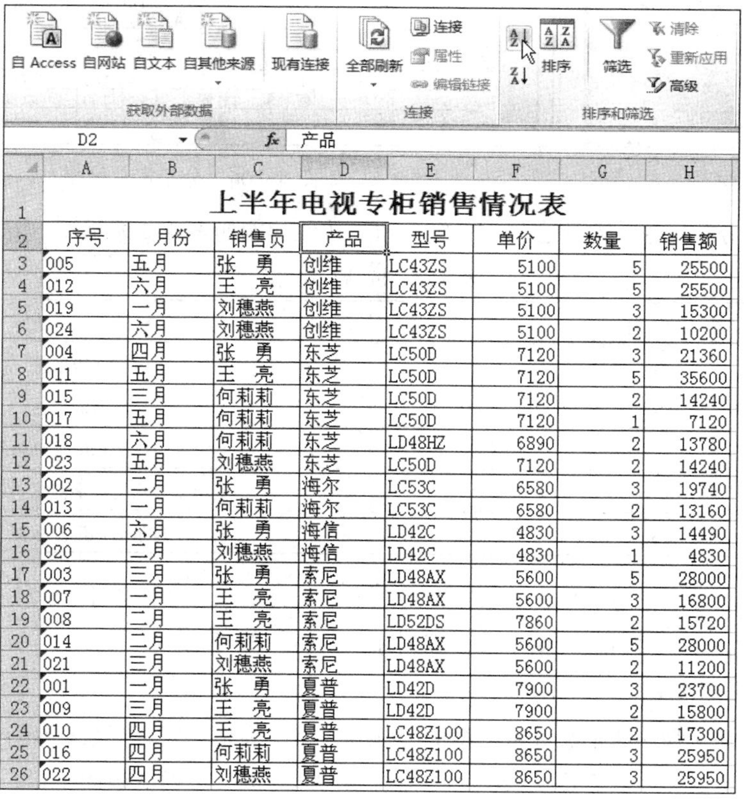

图 4-104　对"产品"项目排序

（2）选择"数据"选项卡，在"分级显示"功能组中单击"分类汇总"按钮，弹出"分类汇总"对话框，分类字段为"产品"，汇总方式为"求和"，汇总项为"数量"和"金额"，如图 4-105 所示。单击"确定"按钮，结果如图 4-106 所示。

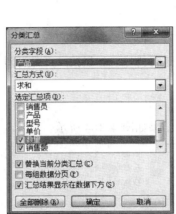

图 4-105 "分类汇总"对话框

图 4-106 分类汇总结果

（3）生成的分类汇总表左侧会显示分级按钮。按钮功能如表 4-2 所示。

表 4-2 按 钮 功 能

按 钮 样 式	功 能
+	显示当前级信息
—	隐藏当前级信息
1	只显示总的汇总结果
2	显示关键字汇总结果
3	显示全部汇总数据

（4）如需删除分类汇总，单击"数据"选项卡"分级显示"功能组中的"分类汇总"按钮，再次弹出"分类汇总"对话框，单击"全部删除"按钮，即可。

4．使用数据透视表

数据透视表是一种快速汇总大量数据的交互式表格。表格中结合了数据统计、排序、筛选、汇总等功能。之所以称为数据透视表，是因为可以动态地改变它们的版面布置，以便按照不同方式分析数据，也可以重新安排行号、列标和页字段。每一次改变版面布置时，数据透视表会立即按照新的布置重新计算数据。另外，如果原始数据发生更改，则可以更新数据透视表。

1）生成数据透视表

操作提示：

（1）选择数据表中任一单元格，选择"插入"选项卡，单击"表格"功能组中的"数据透视表"按钮，弹出"创建数据透视表"对话框，设置如图 4-107 所示，单击"确定"按钮。

图 4-107　"创建数据透视表"对话框

（2）已在新表中创建了数据透视表并在右边显示了"数据透视表字段列表"任务窗格，同时显示了"数据透视表工具"的"选项"和"设计"两个选项卡，如图 4-108 所示。

图 4-108　数据透视表

（3）将"选择要添加到报表的字段"列表框中的"月份"字段直接拖动到"行标签"框中。按同样的方法，将"产品"字段拖动到"列标签"框；将"数量"、"销售额"字段拖到"数值"框中。此时生成的报表为行显示月份，列显示产品，中间数据汇总的是数量、销售额，同时可以通过列标签和行标签进行手动筛选操作，这里手动筛选出"列标签"中的"创维"、"东芝"产品，如图 4-109 所示。

2）编辑"数据透视表"

还可以利用"数据透视表工具"更新数据，更换透视表中的字段、数据汇总方式及设计透视表样式等。

（1）如果数据源中数据做了修改，则需要更新数据表以获取最新数据。

操作提示：

单击数据透视表中任一单元格，单击"选项"选项卡"显示"功能组中的"刷新"按钮，如图 4-110 所示。

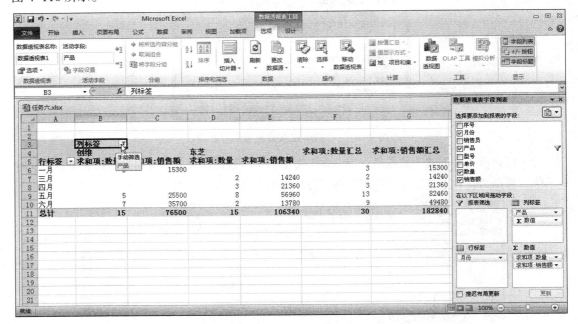

图 4-109　完成效果

（2）调整和更换透视表中的字段。

操作提示：

单击数据透视表中任一单元格，单击"选项"选项卡"显示"功能组中的"字段列表"按钮，如图 4-111 所示，打开"数据透视表字段列表"任务窗格，可对不同项目框中的字段进行拖动更换调整。

图 4-110　单击"刷新"按钮

图 4-111　单击"字段列表"按钮

（3）数据透视表默认的数据汇总方式是求和，可以根据实际需要更改汇总方式为求平均数、最大值、最小值、乘积等。

操作提示：

打开"数据透视表字段列表"任务窗格，单击"数值"列表框中各项的倒三角按钮，在弹出的列表中选择"值字段设置"选项，弹出"值字段设置"对话框，在"值汇总方式"选项卡的列表框中选择新的汇总方式即可，如图 4-112 所示。

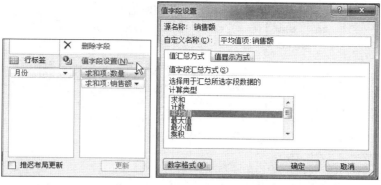

图 4-112　更改汇总方式

（4）Excel 提供了"数据透视表样式"可以让数据透视表变得更加清晰，便于用户直观地查看数据。

操作提示：

单击数据透视表中任一单元格，在"设计"选项卡"数据透视表样式"功能组中选择合适的样式即可，如图 4-113 所示。完成效果如图 4-114 所示。

图 4-113　选择数据透视表样式

任务六.xlsx						
	A	B	C	D	E	F	G
1							
2							
3		列标签					
4		创维		东芝		求和项:数量汇总	求和项:销售额汇总
5	行标签	求和项:数量	求和项:销售额	求和项:数量	求和项:销售额		
6	一月	0	0			0	0
7	三月			2	14240	2	14240
8	四月			3	21360	3	21360
9	五月	5	25500	8	56960	13	82460
10	六月	7	35700	2	13780	9	49480
11	总计	12	61200	15	106340	27	167540

图 4-114　完成效果

任务 7　制作销售情况分析图

任务情境

某商场管理层为能根据市场的变化，适时作出调整营销的策略，需一份能够较直观的查看数据分布、趋势及对比的该商场在上半年对小家电产品销售情况的分析图表，如根据数据源"销售额明细表"（见图 4-115）、得出的"上半年小家电销售图"（见图 4-116）及"月销售比率图"（见图 4-117）。在完成任务的过程中将会用到在 Excel 中根据工作表数据插入图表及图表的相关操作。

某商场小家电销售额明细表

月份	微波炉	电吹风	电剃须刀	落地扇	电饭锅	台灯	总计
一月	5850	1340	1634	325	3460	1870	14479
二月	5360	2230	1382	423	2895	2340	14630
三月	4632	1560	800	600	1870	1652	11114
四月	4387	1782	960	1690	2150	786	11755
五月	3360	1260	640	2530	2600	1320	11710
六月	2680	960	900	3630	2350	1100	11620
总计	26269	9132	6316	9198	15325	9068	75308

图 4-115　销售额明细表

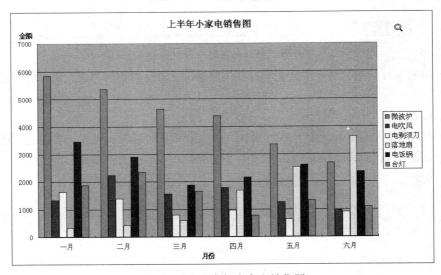

图 4-116　上半年小家电销售图

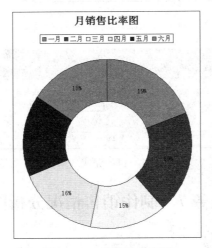

图 4-117　月销售比率图

任务分解

（1）生成上半年小家电销售图；

（2）生成月销售比率图；

（3）管理工作表。

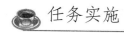任务实施

1. 生成上半年小家电销售图

根据工作表中的数据，建立图 4-118 所示的图表，能清晰地反映上半年小家电的销售情况。

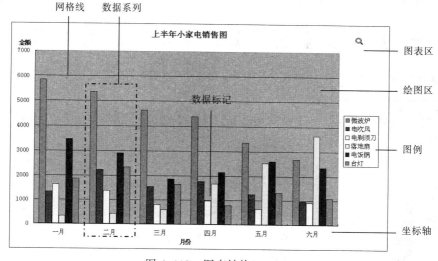

图 4-118　图表结构

1）生成图表

操作提示：

（1）打开"任务六.xlsx"素材。选择单元格区域 A2:G8（此区域称为图表数据源，是生成图表的数据来源）。

（2）选择"插入"选项卡，在"图表"功能组中单击"柱形图"下拉按钮，在下拉列表中选择"二维簇状柱形图"，如图 4-119 所示。

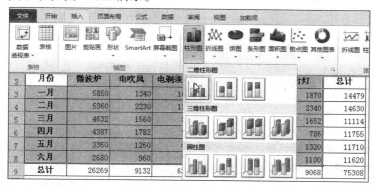

图 4-119　选择簇状柱形图

2）移动图表并改名

操作提示：

（1）选择生成的图表，"图表工具"选项卡随即被展开，单击"设计"选项卡中的"移动图表"

按钮，如图 4-120 所示。在弹出的"移动图表"对话框中选择"新工作表"并改名，如图 4-121 所示。确定后，图表将在新生成的工作表中单独存放。

（2）打开"销售图"工作表，选择"布局"选项卡，在"标签"功能组选择"图标标题"下拉列表中的"图标上方"选项，如图 4-122 所示，更改标题框中名称为"上半年小家电销售图"。

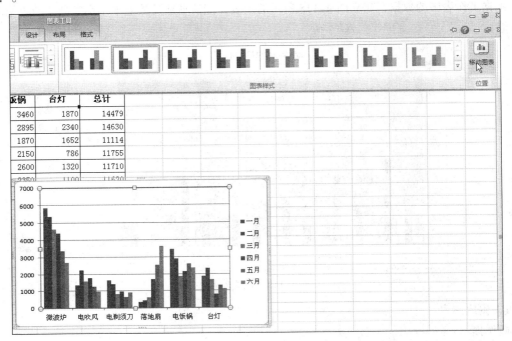

图 4-120　单击"移动图表"按钮

图 4-121　移动图表

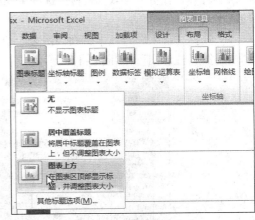

图 4-122　选择"图表上方"选项

3）添加坐标轴标题

操作提示：

（1）在"坐标轴标题"下拉列表中选择"主要横坐标轴标题"→"坐标轴下方标题"选项，如图 4-123 所示，更改标题框中名称为"金额"。

（2）在"坐标轴标题"下拉列表中选择"主要纵坐标轴标题"→"横排标题"选项，如图 4-124 所示，更改标题框中名称为"月份"。

图 4-123　横坐标标题

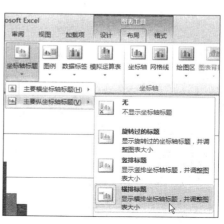

图 4-124　纵坐标标题

4）添加图例

操作提示：

（1）选择"设计"选项，在"数据"功能组中单击"切换行/列"按钮，可以切换图表的行和列所表示的数据，如图 4-125 所示。

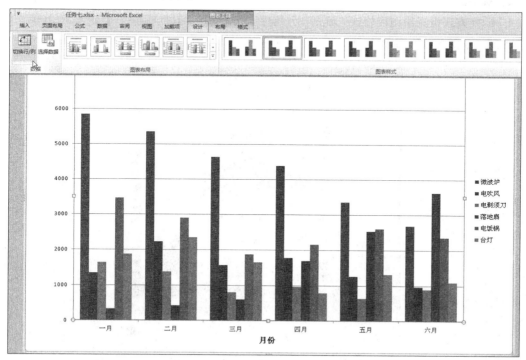

图 4-125　单击"切换行/列"按钮

（2）在"图例"位置右击，在弹出的快捷菜单中选择"设置图例格式"命令，如图 4-126 所以，弹出"设置图例格式"对话框，设置"边框颜色"为"实线、黑色"，如图 4-127 所示。

图 4-126　选择"设置图例格式"命令　　　　图 4-127　"设置图例格式"对话框

5）其他格式设置

操作提示：

（1）同样方式设置绘图区格式"填充"为纯色填充，颜色"其他颜色"，自定义 RGB 值"192、192、192"，如图 4-128 所示。

图 4-128　"设置绘图区格式"对话框

（2）分别设置数据系列格式的不同"填充"色，"边框颜色"为"实线、黑色"，最终效果如图 4-116 所示。

2. 生成月销售比率图

月销售比率图能清晰地反映出每月销售额占销售总额的比率。

操作提示：

（1）选择数据源单元格区域 A3:A8 和 H3:H8，选择"插入"选项卡，单击"图表"功能组中的"其他图表"下拉按钮，在其下拉列表中选择"圆环图"。按照前面所学的方法对图表进行移动、添加标题、更改数据系列格式等操作，完成效果如图 4-129 所示。

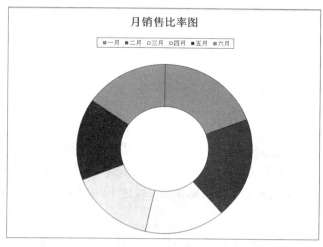

图 4-129　圆环图类型

（2）选择"布局"选项卡，选择"标签"功能组"数据标签"下拉列表中的"其他数据标签选项"选项，如图 4-130 所示。

（3）在弹出的"设置数据标签格式"对话框的"标签选项"中选择"百分比"复选框，如图 4-131 所示，单击"关闭"按钮，效果如图 4-117 所示。

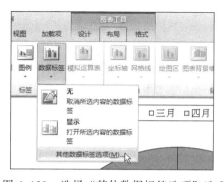

图 4-130　选择"其他数据标签选项"选项

图 4-131　"设置数据标签格式"对话框

3. 管理工作表

对现有的工作表进行简单的管理，如插入新工作表，删除、复制、重命名等操作可以更好地提高工作效率。

操作提示：

（1）在任一工作表标签上右击，弹出快捷菜单，如图4-132所示，在此选择插入（新工作表）、删除（当前工作表）、重命名等操作。

（2）在任一工作表标签处，按住左键不放并拖动，可移动当前工作表的位置，新位置为黑色倒三角所指处，如图4-133所示，释放左键即可。

图4-132　工作表标签右键快捷菜单　　　　图4-133　移动工作表

（3）鼠标指针移至需要复制的工作表标签处，按住【Ctrl】键的同时，单击标签并拖动至新位置即生成了当前工作表的副本。

任务8　制作"食用油销售情况"工作簿

任务情境

某食用油公司需要掌握公司在一年里对各个区域销售的各种食用油情况，通过相关的表格数据、图表分析来判断分析食用油市场的需求动态。本练习有3个工作表，充分利用Excel 2010各选项卡中的功能对表格的行、宽、底纹、边框等进行格式化处理；使用公式、函数对有关数据进行计算；建立便于直观查看的图表等。

任务分解

（1）建立食用油销售额明细表；

（2）建立食用油销售统计表；

（3）建立食用油销售图表；

（4）保护工作簿及工作表。

任务实施

1. 建立食用油销售额明细表

A列宽14、B列宽13、其余列宽18；第一行高29.25、第二行高84、其余行高19.50；标题格式自定、表格文字内容格式为宋体、14、居中、加粗；数字内容为宋体、14、会计专用；制作表头、文本框、添加边框等。调整表格输出格式为一张 A4 纸上，如图 4-134 所示。

粮食集团食用油销售额明细表					
销售额　时段 销售区域　品种		一季度	二季度	三季度	四季度
天河区	大豆油	￥ 5,000.00	￥ 4,562.00	￥ 3,879.00	￥ 6,325.00
	调和油	￥ 2,352.00	￥ 3,879.00	￥ 5,782.00	￥ 1,456.00
	玉米油	￥ 4,532.00	￥ 5,782.00	￥ 6,325.00	￥ 7,852.00
	花生油	￥ 7,856.00	￥ 6,325.00	￥ 1,456.00	￥ 6,352.00
	橄榄油	￥ 2,365.00	￥ 1,456.00	￥ 7,852.00	￥ 4,562.00
越秀区	玉米油	￥ 6,352.00	￥ 7,852.00	￥ 6,352.00	￥ 3,879.00
	花生油	￥ 4,562.00	￥ 5,782.00	￥ 4,562.00	￥ 5,032.00
	橄榄油	￥ 3,879.00	￥ 6,325.00	￥ 4,562.00	￥ 5,032.00
	菜籽油	￥ 5,782.00	￥ 1,456.00	￥ 3,879.00	￥ 2,352.00
黄浦区	大豆油	￥ 6,325.00	￥ 7,852.00	￥ 5,782.00	￥ 4,532.00
	调和油	￥ 1,456.00	￥ 6,352.00	￥ 1,230.00	￥ 7,856.00
	橄榄油	￥ 7,852.00	￥ 4,562.00	￥ 4,586.00	￥ 2,365.00
	玉米油	￥ 6,352.00	￥ 3,879.00	￥ 1,245.00	￥ 2,433.00
	花生油	￥ 4,562.00	￥ 5,032.00	￥ 2,534.00	￥ 4,562.00
白云区	玉米油	￥ 3,879.00	￥ 2,352.00	￥ 2,352.00	￥ 3,879.00
	花生油	￥ 5,782.00	￥ 4,532.00	￥ 4,532.00	￥ 5,782.00
	橄榄油	￥ 1,230.00	￥ 7,856.00	￥ 7,856.00	￥ 6,325.00
	大豆油	￥ 4,586.00	￥ 2,365.00	￥ 2,365.00	￥ 1,456.00
	调和油	￥ 1,245.00	￥ 2,433.00	￥ 6,352.00	￥ 7,852.00
	菜籽油	￥ 5,478.00	￥ 1,457.00	￥ 4,562.00	￥ 5,782.00

图 4-134　食用油销售额明细表

2. 建立食用油销售统计表

使用 sum、sumif、rank 函数完成数据区的内容；对应"食用油销售额明细表"的格式为表格进行格式化，如图 4-135 所示。

粮食集团食用油销售统计表						
金额　时段 品种	一季度	二季度	三季度	四季度	总计	销量排名
大豆油	15,911.00	14,779.00	12,026.00	12,313.00	55,029.00	4
调和油	5,053.00	12,664.00	13,364.00	17,164.00	48,245.00	5
玉米油	21,115.00	19,865.00	16,274.00	18,043.00	75,297.00	3
花生油	22,762.00	21,671.00	13,084.00	21,728.00	79,245.00	1
橄榄油	15,326.00	20,199.00	24,856.00	18,284.00	78,665.00	2
菜籽油	11,260.00	2,913.00	8,441.00	8,134.00	30,748.00	6
合计	91,427.00	92,091.00	88,045.00	95,666.00	367,229.00	

图 4-135　食用油销售统计表

3. 建立食用油销售图

建立图表，编辑图样式如图 4-136 所示。

4. 保护工作簿及工作表

分别更改工作表标签为"食用油销售额明细表"、"食用油销售统计表"、"食用油销售图"；保护工作表"食用油销售额明细表"、"食用油销售统计表"只可供使用者查看不可修改内容，取消保护密码为"123"；保护工作簿结构，取消保护密码为"456"；设置工作簿打开密码为"789"。

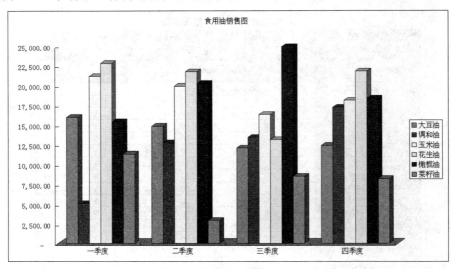

图 4-136　食用油销售图

第 5 章 演示文稿制作软件 PowerPoint 2010

Microsoft Office PowerPoint 2010 是微软公司推出的办公系列软件 Office 2010 的其中一个组件，它可以帮助用户制作出图文并茂、色彩丰富、生动形象和极富感染力的演示文稿、幻灯片和投影胶片等，并广泛应用于企业产品展示、会议报告、教学等领域，还可以作为在互联网上召开面对面会议，远程会议或在网上给观众展示演示文稿的载体软件。本章将通过 5 个具体任务的学习，来具体了解和掌握 PowerPoint 2010 的使用方法。

1. PowerPoint 2010 的启动方法

方法一：选择"开始"→"所有程序"→"Microsoft Office"→"Microsoft Office PowerPoint 2010"命令。

方法二：双击桌面 PowerPoint 2010 快捷方式图标。

方法三：在桌面空白处右击，弹出快捷菜单，选择"新建 Microsoft PowerPoint 演示文稿"命令。

2. 认识 PowerPoint 2010 工作界面

启动 PowerPoint 2010 后，其工作界面构成及名称如图 5-1 所示。

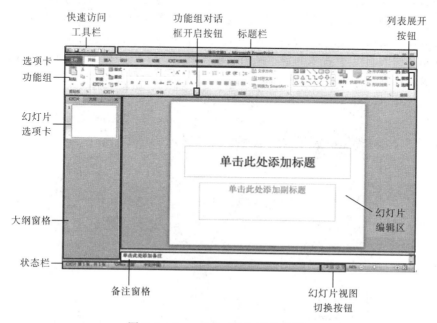

图 5-1 PowerPoint 2010 工作界面

PowerPoint 2010 的窗口结构及工作界面上与 Word 和 Excel 既有相通之处，又因其功能的特殊性，其窗口结构及工作界面有其中以下几个特殊组成部分：

（1）大纲窗格：包含了幻灯片选项卡和大纲选项卡，通过"大纲视图"或"幻灯片视图"可以快速查看整个演示文稿中的任意一张幻灯片。

（2）幻灯片编辑区：编辑幻灯片的工作区，当前正在制作幻灯片在此处展示。

（3）备注窗格：用来编辑幻灯片的一些"备注"文本。

（4）幻灯片视图切换按钮：可以通过视图切换按钮使幻灯片以"普通视图"、"幻灯片浏览"、"阅读视图"或"幻灯片放映"4 种方式显示。

3．演示文稿的制作过程

演示文稿的制作，一般要经历下面几个步骤：

（1）准备素材：主要是准备演示文稿中所需要的一些图片、声音、动画等文件。

（2）确定方案：对演示文稿的整个构架作一个设计。

（3）初步制作：将文本、图片等对象输入或插入到相应的幻灯片中。

（4）装饰处理：设置幻灯片中的相关对象的要素（包括字体、大小、动画等），对幻灯片进行装饰处理。

（5）预演播放：设置播放过程中的一些要素，然后播放查看效果，满意后正式输出播放。

任务 1　制作产品发布演示文稿

任务情境

作为一名体育院校的学生，对于体育相关产品应有一定的了解，本任务通过制作一个展示新款运动鞋的演示文稿，学习如何在演示文稿中加入文字及图片介绍产品的信息、特点及特色，以及学习在幻灯片中创建自选图形和设置超链接的方法，并以此类推掌握作品发布、产品介绍和人物简介等演示文稿的制作。产品发布演示文稿效果如图 5-2 所示。本任务中会认识 PowerPoint 2010 在窗口结构及工作界面，学习幻灯片模板和背景的设置，以及自选图形和超链接的创建等。

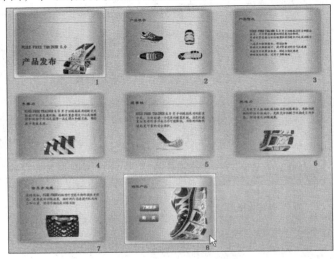

图 5-2　产品发布效果图

任务分解

（1）创建产品发布演示文稿；
（2）应用幻灯片设计主题和背景；
（3）美化演示文稿；
（4）创建形状及设置超链接。

任务实施

1．创建产品发布演示文稿

1）创建空白演示文稿

启动 PowerPoint，它就会以默认的版式创建一个空白演示文稿，通常第一张为标题幻灯片。也可用以下 3 种方法创建：

方法一：通过"新建"命令。

操作提示：

（1）单击"文件"选项卡中的"新建"按钮。

（2）在"可用的模板和主题"列表中选择"空白演示文稿"选项。

（3）单击"创建"按钮，完成空白演示文稿的创建，如图 5-3 所示。

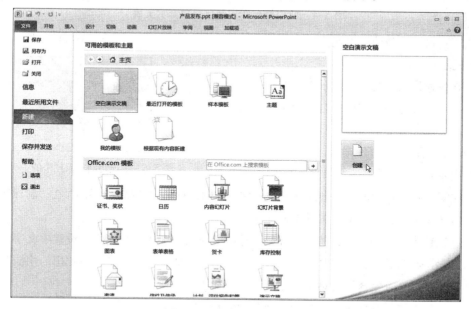

图 5-3　创建空白演示文稿

方法二：使用模板样式创建演示文稿。

操作提示：

（1）单击"文件"选项卡中的"新建"按钮。

（2）在"可用的模板和主题"列表中选择"样本模板"选项，在打开的列表中选择要采用的模板。

（3）单击"创建"按钮，完成空白演示文稿的创建，如图 5-4 所示。

利用样本模板创建演示文稿时，这些模板仅决定演示文稿的形式，不决定其内容，因而可以使演示文稿中各幻灯片的风格保持一致。

图 5-4　使用模板样式创建空白演示文稿

方法三：通过"新建"按钮。

操作提示：

（1）在快速访问工具栏中显示出"新建"按钮。

（2）单击该按钮即可创建空白演示文稿，如图 5-5 所示。

图 5-5　快速访问工具栏中的"新建"按钮

2）输入标题

操作提示：

（1）在第一张幻灯片的"单击此处添加标题"处输入标题"产品发布"，并在"副标题"处输入"NIKE FREE TRAINER 5.0"如图 5-6 所示。

（2）选定输入的标题文本，使用"开始"选项卡中的"字体"功能组，设置中文字体为"华文中宋"，字号为"72"，字形为"加粗"并添加"阴影"效果，或右击，在弹出的快捷菜单中选择"字体"命令，在"字体"对话框中进行设置，如图 5-7 所示。

（3）同样的方法设置副标题字号为"36"，其他不变。

（4）占位符在幻灯片中表现为一个虚线框，虚线框内部往往有"单击此处添加标题"之类的提示语，一旦单击，提示语会自动消失。创建自己的模板时，占位符能起到规划幻灯片结构的作用。

图 5-6　输入标题

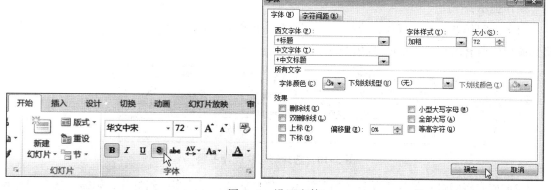

图 5-7　设置字体

3）输入正文

操作提示：

在幻灯片选项卡中选定第一张幻灯片，单击鼠标右键，在弹出的快捷菜单中选择"新建幻灯片"命令，生成一张"标题与文本"版式幻灯片，如图 5-8 所示。

也可通过以下方法新建幻灯片：

方法一：单击"开始"选项卡中"幻灯片"功能组的"新建幻灯片"按钮直接新建"标题与文本"版式幻灯片，或在其下拉列表中选择需要的样式进行新建，如图 5-8 所示。

方法二：按【Ctrl+M】组合键。

（1）在新建的幻灯片中输入所需要的内容。在输入过程的中，PowerPoint 2010 会根据内容自动调整文本字号以适应文本框的大小，如图 5-9 所示。

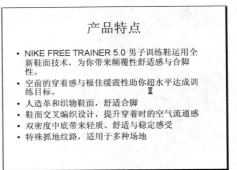

图 5-8   新建幻灯片   图 5-9   在新建幻灯片中输入内容

（2）按照上述方法输入相应内容到演示文稿的其他幻灯片中，并对所有幻灯片的文本内容进行统一格式化。

（3）此时一个简单的演示文稿已基本完成，后续加入配套图片、背景色等让整个演示文稿有更好的视觉效果。

2．应用幻灯片设计主题

操作提示：

（1）选定任意一张幻灯片，选择"设计"选项卡，在"主题"功能组中选择"跋涉"主题，将其应用于所有幻灯片，如图 5-10 所示。

图 5-10   选择幻灯片设计主题

（2）如要将幻灯片设计主题只应用于演示文稿中的某一张或多张幻灯片，则需在选定幻灯片后，右击所选主题，在弹出的快捷菜单中"应用于选定幻灯片"命令，如图 5-11 所示。

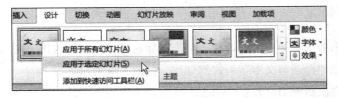

图 5-11   应用主题于选定幻灯片

（3）如有需要，还可通过"主题"功能组上的"颜色"、"字体"和"效果"按钮快捷地修改当前所应用主题的效果。

3．美化演示文稿

1）更改幻灯片设计背景

在应用主题后，还可修改背景，通过添加不同的填充背景色或背景图案等达到丰富演示文稿的目的。

操作提示：

（1）通过以下方式打开"设置背景格式"对话框：在"设计"选项卡"背景"功能组中单击"背景样式"下拉按钮，在其下拉列表中选择"设置背景格式"选项，或在文档任意空白处右击，在弹出的快捷菜单中选择"设置背景格式"命令，如图 5-12 所示。

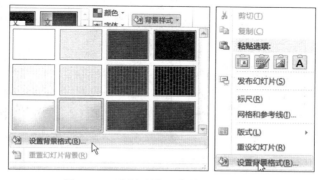

图 5-12　选择"设置背景格式"命令

（2）在弹出的"设置背景格式"对话框中选择"填充"选项卡，并按图 5-13 所示，在右侧中选择"渐变填充"，单击"预设颜色"下拉按钮，选择"薄雾浓云"渐变色。

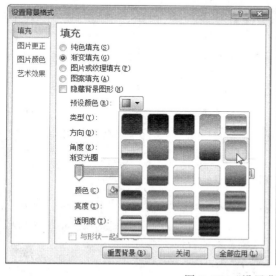 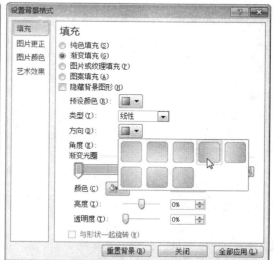

图 5-13　"设置背景格式"对话框

（3）单击"方向"按钮，选择"线性向右"方向，如图 5-13 所示。

（4）单击"全部应用"按钮将所设效果应用于全部幻灯片。

（5）在有需要时，还可通过选择不同选项，对背景格式进行设置。在"填充"选项中还可选择"纯色填充"、"图片或纹理填充"及"图案填充"等选择对背景进行不同的效果设置。

2）插入图片

操作提示：

（1）选定第1张幻灯片，单击"插入"选项卡"图像"功能组中的"图片"按钮，在弹出的对话框中找到图片存放的文件夹，选择"P1.jpg"图片后单击"插入"按钮，调整图片的大小并摆放至相应的位置。重复以上步骤，将"P1.jpg"及"logo.jpg"插入到幻灯片1中，如图5-14所示。插入图片后，可选择图片，使用"图片"选项卡中的工具对图片进行修改和调整。

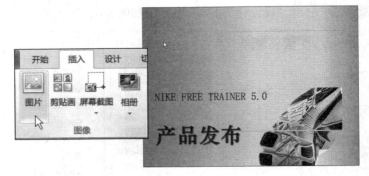

图 5-14　插入图片

（2）在第1张幻灯片和最后1张幻灯后各新建1张空白幻灯片，按上述方法插入图片，如图5-15所示。

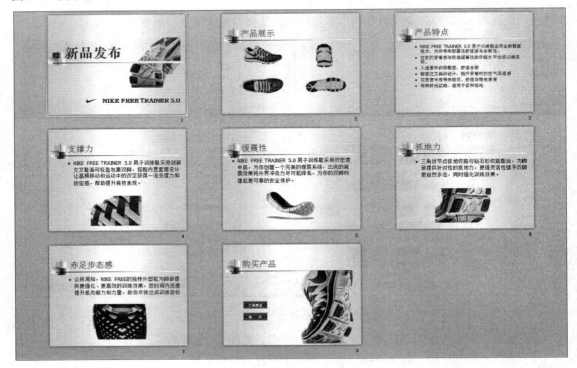

图 5-15　插入图片

4．创建自选图形和超链接

为了演示或互动的需要，可在幻灯片中通过绘制形状加入动作按钮及设置单击该按钮时进行的动作。

1）创建形状

操作提示：

（1）在"插入"选项卡中，单击"插图"功能组中的"形状"下拉按钮，在其下拉列表中选择"圆角矩形"，如图 5-16 所示。

（2）在最后一张幻灯片适当的位置按住鼠标左键并拖动，绘制出圆角矩形，如图 5-17 所示。

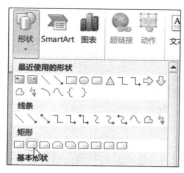

图 5-16　创建形状

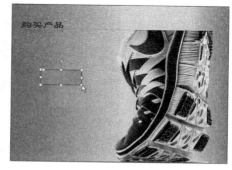

图 5-17　绘制形状

2）设置超链接

操作提示：

（1）在"插入"选项卡单击"链接"功能组中的"超链接"按钮，弹出"编辑超链接"对话框，如图 5-18 所示。

（2）在地址栏中输入网络地址"http://www.nike.com/"，如图 5-19所示。

图 5-18　"超链接"按钮

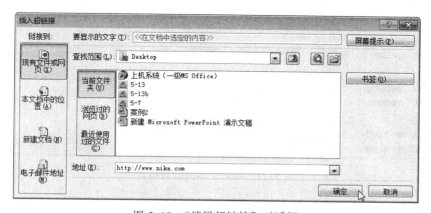

图 5-19　"编辑超链接"对话框

（3）单击"确定"按钮完成对该动作按钮的动作设置。

3）格式化形状

操作提示：

（1）在形状上右击，在弹出的快捷菜单中选择"设置形状格式"命令，在弹出的对话框中按图 5-20 所示进行设置。

图 5-20　设置形状格式

（2）在动作按钮上右击，在弹出的快捷菜单中选择"添加文本"命令，输入文本并按图 5-21 所示进行设置。

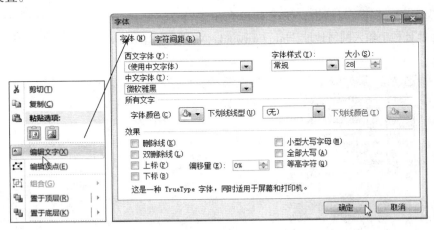

图 5-21　添加文本并设置格式

（3）重复以上步骤添加另一按钮，完成动作按钮的创建设置，如图 5-22 所示。

5．保存幻灯片文档

在完成幻灯片的编制后，可单击快速访问工具栏中的"保存"按钮保存当前在编文档，如果是首次保存，则会弹出"另存为"对话框，在对话框中可选择保存文档的位置、输入文件名及保存的文档类型，单击"保存"按钮即可完成"产品发布"演示文稿的制作，如图 5-23 所示。

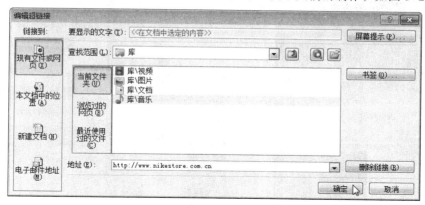

图 5-22　添加另一个动作按钮

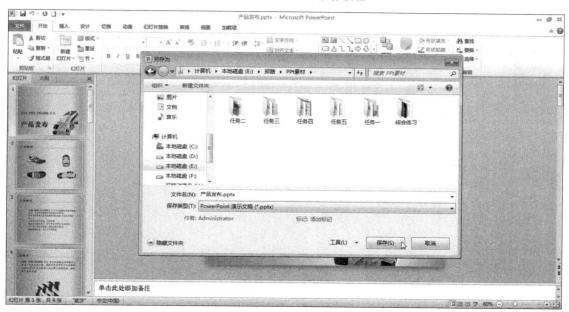

图 5-23　保存文档

任务 2　制作篮球运动简介演示文稿

任务情境

篮球运动是一项广大群众喜闻乐见的群众性体育运动，在青少年学生中也广受欢迎，通过制作一份"篮球运动简介"，以推广篮球运动，让更多的人参与到这项运动中来。在任务 1 中学习了如何通过文字和图片制作简单的幻灯片后，本任务将进一步深入学习在幻灯片中除了图片外，通过添加文本框、艺术字及自选图形等丰富幻灯片表现效果的方法。另外，为了提高幻灯片制作的效率，本任务还将学习幻灯片母版的使用及制作。篮球运动简介幻灯片效果如图 5-24 所示。

图 5-24　篮球运动简介

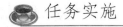 任务分解

（1）编辑应用幻灯片母版；

（2）插入艺术字；

（3）插入剪贴画；

（4）调整幻灯片的顺序。

任务实施

1．编辑应用幻灯片母版

使用幻灯片母版来设置幻灯片的样式，可供用户设定各种标题文字、背景、属性等，只需更改一项内容就可更改所有幻灯片的设计，从而达到统一整个幻灯片风格并提高工作效率的效果。

1）进入母版编辑状态

操作提示：

（1）启动 PowerPoint 2010，建立新的空白幻灯片文档，

（2）打开"视图"选项卡，单击"母版视图"功能组中的"幻灯片母版"按钮，进入母版编辑状态。同时打开了"幻灯片母版"选项卡，如图 5-25 所示。

（3）在 PowerPoint 2010 中有 3 种母版：幻灯片母版、讲义母版、备注母版，可通过"母版视图"功能组中不同的按钮进入编辑。幻灯片母版中包含了标题幻灯片母版和幻灯片母版。

2）编辑标题幻灯片母版

操作提示：

（1）选择标题幻灯片母版的标题占位符与副标题占位符，按【Delete】键将其删除。在标题幻灯片母版任意空白处右击，打开快捷菜单，选择"设置背景格式"命令，在弹出的"设置背景格式"对话框左侧列表中单击"填充"，在右侧选择"图片或纹理填充"，单击"文件"按钮，如图 5-26 所示。

图 5-25　母版编辑状态

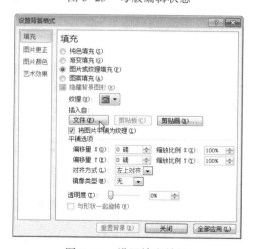

图 5-26　设置填充效果

（2）也可单击"幻灯片母版"选项卡"背景"功能组中的"背景样式"下拉按钮，在其下拉列表中单击"设置背景格式"按钮，弹出"设置背景格式"对话框。

（3）在弹出的"插入图片"对话框中找到图片存放的文件夹，选择"图片 1.jpg"图片后单击"插入"按钮，如图 5-27 所示。返回"设置背景格式"对话框，可使用左侧列表框中"图片更正"等选项卡对图片效果进行修改，最后单击"关闭"按钮，将图片作为背景应用于标题幻灯片母版。

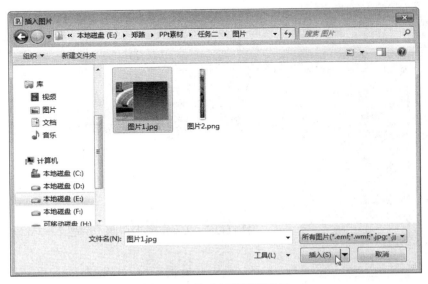

图 5-27　修改标题母版背景

（4）删除"数字区"占位符，按住【Shift】键，同时选定"日期区"和"页脚区"占位符，通过右键快捷菜单中的"字体"命令或"开始"选项卡"字体"功能组设置字体为"宋体"，字号"14"，白色，加粗。

（5）打开"插入"选项卡，单击"文本"功能组中的"页眉和页脚"按钮，在弹出的对话框中选择"幻灯片"选项卡，并按图 5-28 所示进行设置，单击"全部应用"按钮返回母版编辑视图。

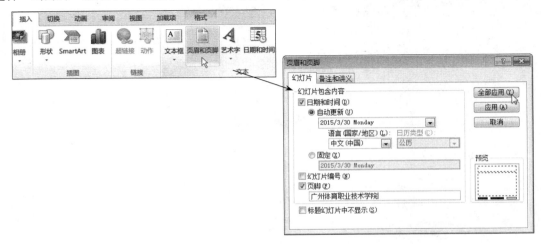

图 5-28　页眉和页脚的设置

（6）按图 5-29 所示调整"日期区"和"页脚区"占位符的位置。

图 5-29 调整占位符位置

3）编辑幻灯片母版

操作提示：

（1）选择幻灯片母版，将所有页脚的占位符删除。

（2）选中"标题样式"占位符，设置其字体为"宋体"，字号为"44"。

（3）选中"文本样式"占位符，设置其字体为"宋体"，字号"32"，如图 5-30 所示

（4）选择"插入"选项卡，单击"文本"功能组中的"文本框"下拉按钮，在其下拉列表中单击"垂直文本框"按钮，如图 5-31 所示。

图 5-30 设置占位符格式

图 5-31 单击"垂直文本框"按钮

（5）按住鼠标左键在幻灯片中拖动，绘制出文本框，并输入文本"篮球运动简介"，如图 5-32 所示。

（6）选择竖排文本框并右击，选择快捷菜单中的"设置形状格式"命令，弹出"设置形状格式"对话框，在对话框左侧选择"填充"后，在右侧选择"图片或纹理填充"单选按钮，单击"文件"按钮，如图 5-32 所示。

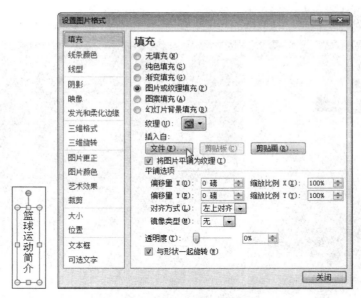

图 5-32　"设置图片格式"对话框

（7）在弹出的"插入图片"对话框中找到图片存放的文件夹，选择"图片 2.png"图片，单击"插入"按钮返回，如图 5-33 所示，并单击"关闭"按钮完成对文本框背景对设置。

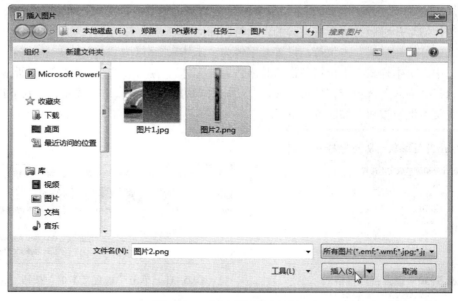

图 5-33　"插入图片"对话框

（8）选择竖排文本框，使用"开始"选项卡"字体"功能组设置字体为"宋体"，字号"28"，加粗，颜色为白色，单击"段落"功能组中的"文本右对齐"按钮，使文字置于文本框底部。

（9）调整竖排文本框、"标题样式"和"文本样式"的位置及大小，并摆放到相应的位置，如图 5-34 所示，完成幻灯片母版的设置。

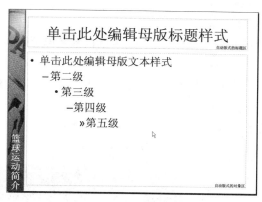

图 5-34　幻灯片母版设置效果

4）应用母版

操作提示：

（1）在应用母版前，需通过单击"幻灯片母版"选项卡中的"关闭母版视图"按钮来返回幻灯片制作界面，如图 5-35 所示。

图 5-35　关闭母版视图

（2）使用上一节课学习的方法，在第 1 张幻灯片后添加 7 张新幻灯片，并在新添加的幻灯片中根据制作的需要添加相应的文本内容。如图 5-36 所示。

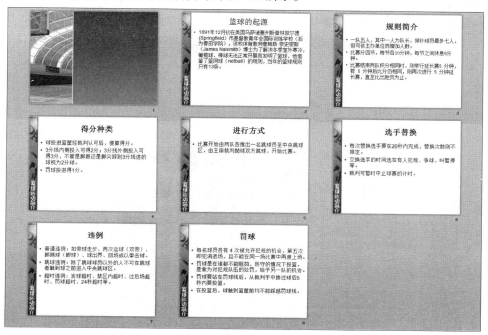

图 5-36　添加新幻灯片和文本内容

2．插入艺术字

通过插入艺术字、图片和剪贴画，可丰富幻灯片的内容及展示效果。

操作提示：

（1）选择第 1 张幻灯片，打开"插入"选项卡，单击"文本"功能组中的"艺术字"下拉按钮，展开艺术字列表，如图 5-37 所示。

（2）在艺术字列表中单击第 1 行第 5 个样式，在第 1 张幻灯片中建立艺术字编辑框。并在艺术字编辑框内输入"篮球运动简介"，如图 5-38 所示。

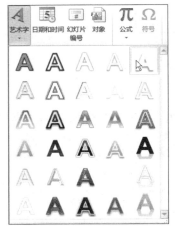

图 5-37　艺术字列表

图 5-38　插入艺术字

（3）选择已插入的艺术字，打开"格式"选项卡，在"艺术字样式"功能组中单击"文本填充"下拉按钮，在其下拉列表中单击"渐变"→"其他渐变"按钮，弹出"设置文本效果格式"对话框，并按图 5-39 所示进行设置。

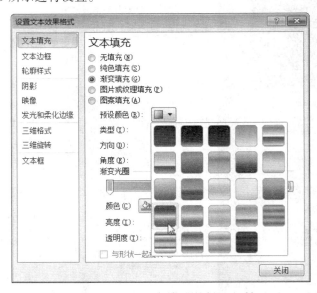

图 5-39　"设置文本效果格式"对话框

（4）再单击"文本效果"下拉按钮，在其列表中单击"阴影"→"透视"→"右上对角透视"按钮，应用该阴影效果到艺术字，如图 5-40 所示。

（5）使用"开始"选项卡中的"字体"功能组修改艺术字字体为"华文行楷"，字号为"66"，并调整其位置，最终效果如图 5-41 所示。

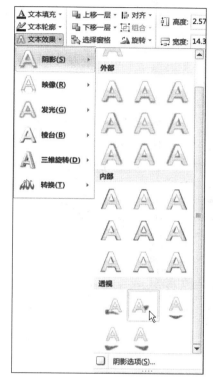

图 5-40　修改阴影样式

图 5-41　艺术字效果

3. 插入图片和剪贴画

操作提示：

（1）使用任务 1 中学习的方法，在第 2、第 4 和第 5 张幻灯片中插入相应的图片。

（2）打开"插入"选项卡，单击"图像"功能组中的"剪贴画"按钮，打开"剪贴画"任务窗格。在"搜索文字"文本框中分别输入"裁判"、"篮球"、"投篮"等关键字，单击"搜索"按钮，如图 5-42 所示。

（3）此时应保持计算机连接到互联网，可搜索到互联网上丰富而合适的图片资源，在搜索出来的剪贴画中选择合适的剪贴画插入到相应的幻灯片中，并调整其大小和位置，如图 5-43 所示。

图 5-42　"剪贴画"任务窗格

4. 调整幻灯片顺序

操作提示：

在大纲视图中选中最后一张幻灯片，按住鼠标左键将其拖动到倒数第 2 张的位置，如图 5-44 所示。

图 5-43　插入剪贴画

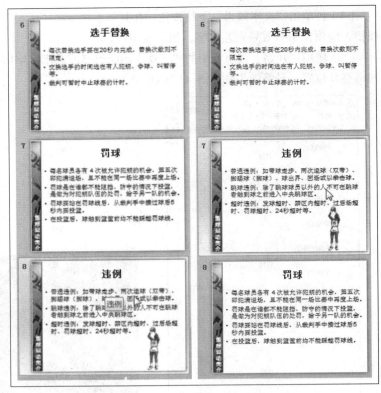

图 5-44　调整幻灯片顺序

至此完成"篮球运动简介"的编制，单击快速访问工具栏中的"保存"按钮完成对幻灯片的保存工作。

任务 3　制作建筑简报——2008 北京奥运场馆展示

任务情境

PowerPoint 2010 中可以插入影音对象、文字特效，制作富有感染力的简报，加上强大的动画功能，能使简报更有表现力和感染力，可广泛用于制作各类简报。在播放简报时，设置好预设的播放时间，在无人干预的情况下能自动循环播放，达到对幻灯片内容展示或宣传的效果。本任务将学习在幻灯片中插入影音对象，设置动画，并进行幻灯片的放映。图 5-45 所示为本任务的最终效果图。

任务分解

（1）编辑和应用幻灯片母版；

（2）输入文本内容；

（3）插入声音对象；

（4）插入影片对象；

（5）设置幻灯片动画；

（6）放映幻灯片。

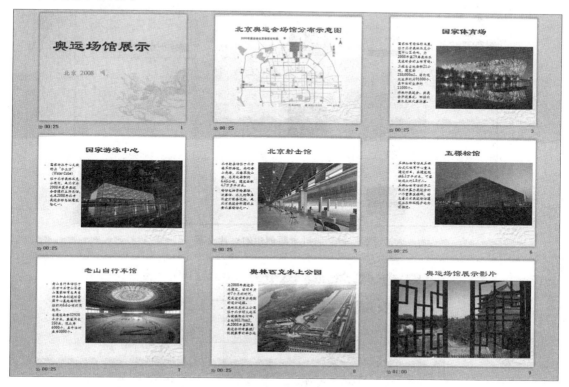

图 5-45　奥运场馆展示幻灯片

任务实施

1. 编辑应用幻灯片母版

操作提示：

（1）建立空白幻灯片文档后，打开"设计"选项卡，在"主题"功能组列表框中选择"龙腾四海"主题应用于幻灯片，如图 5-46 所示。

图 5-46　应用主题

（2）也可在"文件"选项卡中单击"新建"按钮，通过选择"龙腾四海"主题来创建幻灯片文档，如图 5-47 所示。

（3）打开母版视图，使用任务 2 中学习的方法，按照图 5-48 及图 5-49 所示分别对标题母版和幻灯片母版进行设置。

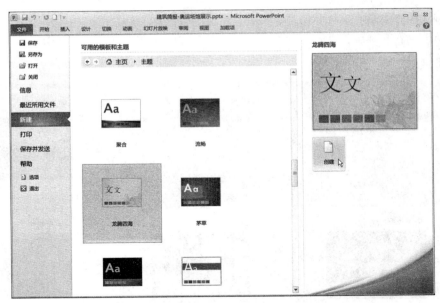

图 5-47　通过主题创建幻灯片文稿

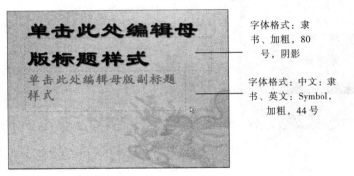

图 5-48　标题幻灯片母版

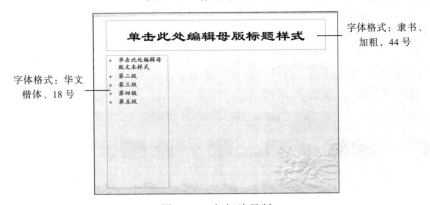

图 5-49　幻灯片母版

2．输入文本内容及插入图片

操作提示：

在设置好母版后关闭母版视图，新建 7 张新幻灯片，并输入相应的文本内容，插入图片并调整大小和位置，如图 5-50 所示。

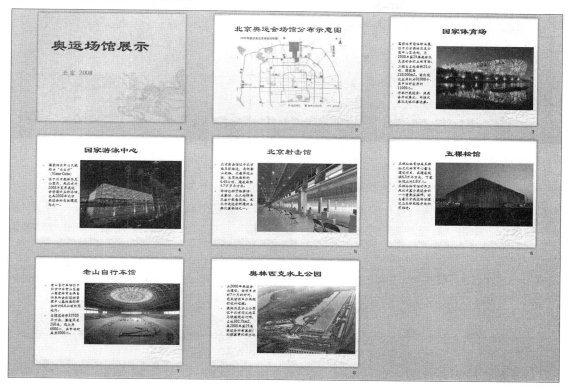

图 5-50　输入文本内容及插入图片

3．插入声音对象

影音等多媒体的插入使呈现的幻灯片内容形象、生动、感染力强，能引起观看者的兴趣。

操作提示：

（1）选择第 1 张幻灯片，打开"插入"选项卡，单击"媒体"功能组上的"音频"按钮，如图 5-51 所示，弹出"插入音频"对话框。

图 5-51　单击"音频"按钮

（2）在"插入音频"对话框中，选择与简报主题相关的音乐文件，单击"确定"按钮，将音频插入到幻灯片中，此时可单击"音频"面板上的播放按钮试听音乐的效果，如图 5-52 所示。

（3）选择音频图标，打开"播放"选项卡，在"音频选项"功能组中对播放效果进行设置，如图 5-53 所示。

图 5-52　设置幻灯片放映时自动播放声音　　　图 5-53　设置播放音频效果

（4）因需在最后一张幻灯片中播放影片，所以背景音乐应在第 8 张幻灯片停止播放。打开"动画"选项卡，单击"高级动画"功能组中的"动画窗格"按钮，如图 5-54 所示，打开"动画窗格"任务窗格。

图 5-54　设置声音效果

（5）在插入音乐所在的下拉列表中选择"效果选项"选项，如图 5-55 所示，弹出"播放音频"对话框。

（6）选择"效果"选项卡，在"停止播放"区域中设置在第 8 中幻灯片后停止声音的播放，单击"确定"按钮完成对声音动画的设置，如图 5-56 所示。

图 5-55　选择"效果选项"选项

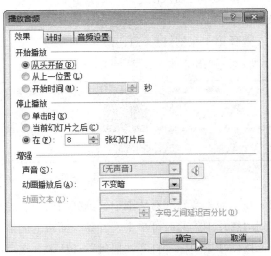

图 5-56　播放音频对话框

4．插入影片对象

操作提示：

（1）单击"开始"选项卡"幻灯片"功能组中的"新建幻灯片"下拉按钮，在其下拉列表中选择"仅标题"样式，在第8张幻灯片后新建一张幻灯片，如图 5-57 所示。

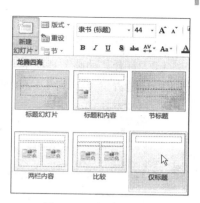

（2）在新建的幻灯片标题占位符中输入标题"奥运场馆展示影片"。

（3）打开"插入"选项卡，单击"媒体"功能组中的"视频"按钮，如图 5-58 所示，弹出"插入视频文件"对话框，选择所需视频文件，单击"插入"按钮插入到幻灯片中。

图 5-57　新建幻灯片

图 5-58　单击"视频"按钮

（4）选择视频，打开"播放"选项卡，在"视频选项"功能组中按照图 5-59 所示进行设置，修改视频的大小，将其摆放到适当的位置，完成视频的插入。

图 5-59　设置视频播放选项

5．预设幻灯片动画

添加动画效果使幻灯片在放映时显得更加绚丽、流畅。

操作提示：

（1）选择第 1 张幻灯片的标题占位符。

（2）打开"动画"选项卡，在"动画"功能组中单击"形状"的进入动画按钮，将其应用于选定的标题占位符，如图 5-60 所示。

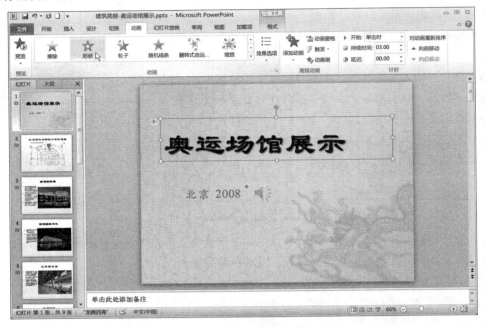

图 5-60　应用动画方案

（3）也可通过单击"高级动画"功能组中的"添加动画"按钮选择合适的动画方案，如图 5-61 所示。

（4）单击"动画"功能组中的"效果选项"下拉按钮，在其下拉列表中将方向修改为"缩小"，形状修改为"菱形"，如图 5-62 所示。

图 5-61　添加动画的进入效果

图 5-62　效果设置

（5）单击"动画"功能组的对话框启动按钮，弹出"菱形"对话框，如图 5-63 所示。

（6）在"菱形"对话框中，选择"计时"选项卡，修改"期间"为"慢速（3 秒）"，如图 5-64 所示，单击"确定"按钮完成标题占位符的动画设置。

图 5-63 "动画"功能组的对话框启动按钮   图 5-64 "菱形"对话框

（7）幻灯片文档中其他的对象如需设置动画，可按照同样的方法进行设置。

6. 放映幻灯片

1）在放映幻灯片前，先设置幻灯片之间的换页效果

操作提示：

（1）选择任意幻灯片，打开"切换"选项卡，在"切换到此幻灯片"功能组的列表框中选择"涡流"切换效果。

（2）在"计时"功能组中，将声音设为"无声音"，持续时间为"04.00"，换片方式勾选"自动设置自动换片时间"，并将时间设为"00:25.00"，单击"全部应用"按钮，对所有幻灯片应用相同的换页方式，如图 5-65 所示。

图 5-65 幻灯片切换设置

（3）因最后一张幻灯片中插入的影片长度为 56 秒，所以选定最后一张幻灯片，在换片方式中修改换片时间为"01:00.00"。

2）设置放映的方式

操作提示：

打开"幻灯片放映"选项卡，单击"设置"功能组中的"设置幻灯片放映"按钮，弹出"设置放映方式"对话框，按图 5-66 所示进行设置，并单击"确定"按钮完成放映方式的设置。

3）放映幻灯片

操作提示：

（1）选定任意幻灯片，打开"幻灯片放映"选项卡，单击"开始放映幻灯片"功能组中的"从头开始"按钮，或按【F5】键，幻灯片将从第 1 张幻灯片开始放映。

（2）单击"开始放映幻灯片"功能组中的"从当前幻灯片开始"按钮或单击"幻灯片视图切换"按钮中的"幻灯片放映"按钮，则会从当前选定的幻灯片开始播放，如图 5-67 所示。

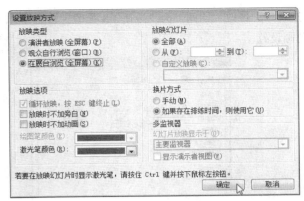

图 5-66 "设置放映方式"对话框

图 5-67 幻灯片放映方式

（3）也可通过按【Shift+F5】组合键从当前选定幻灯片开始播放。

至此已完成对幻灯片"建筑简报—2008北京奥运场馆展示"的制作，设置好了放映的方式，可单击快速启动工具栏上的"保存"按钮对幻灯片进行保存。

任务4　制作足球裁判手势培训课件

任务情境

制作教学课件是 PowerPoint 2010 的一项重要用途，使用 PowerPoint 2010 的备注母版功能可以提示演讲者，而通过在幻灯片中制作各种路径动画，添加声音、图片、影像等多媒体资料能提高听者的学习兴趣和学习效率。本任务将学习制作足球裁判手势培训课件的演示文稿并学习在幻灯片中如何添加备注，使用备注母版对备注进行格式化规范，还将学习动作路径的设置及动画设计等功能。图 5-68 所示为本任务的最终效果图。

图 5-68 足球裁判手势培训课件

 任务分解

（1）设置幻灯片的页面效果；
（2）编辑幻灯片母版；
（3）输入文本内容及插入图片；
（4）设置备注；
（5）自定义动画；
（6）讲义制作与打印。

任务实施

1．设置幻灯片页面效果

培训课件通常会作为讲义文稿等印发给学员，为了兼顾实用性与美观，可将幻灯片设置为竖向版式。

操作提示：

新建空白幻灯片文档，打开"设计"选项卡，在"页面设置"功能组中单击"幻灯片方向"下拉按钮，在其下拉列表中单击"纵向"按钮设置幻灯片方向为纵向，如图 5-69 所示。

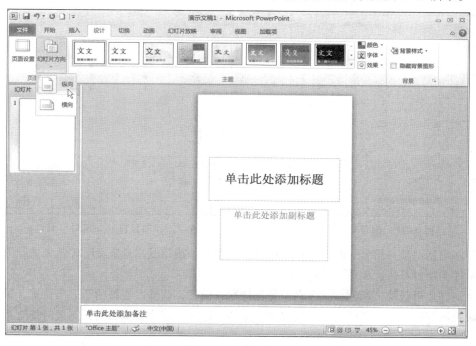

图 5-69　页面设置

2．编辑幻灯片母版

操作提示：

（1）参照前几节学习的母版设置的方法，打开母版视图，添加标题母版，按照图 5-70 所示

设置"标题样式"字体、字形、字号、效果及文字颜色等。

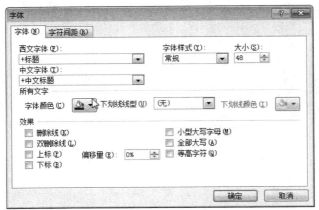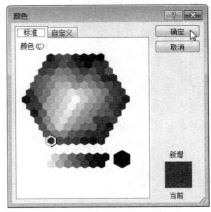

图 5-70　设置"标题样式"的文字格式

（2）选择幻灯片母版，选择"文本样式"占位符，设置字号为 28。其他使用默认值。

（3）再次选择"文本样式"占位符，在"开始"选项卡的"段落"功能组中单击"编号"下拉按钮，在其下拉列表中单击"带圆圈编号"，将其应用于文本样式占位符中，如图 5-71 所示。

（4）在"项目符号"或"编号"下拉列表中，都可通过单击"项目符号和编号"按钮打开"项目符号和编号"对话框，如图 5-72 所示。

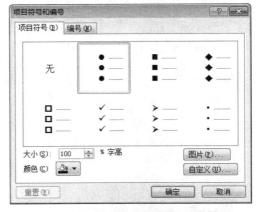

图 5-71　编号列表　　　　　　　图 5-72　"项目符号和编号"对话框

（5）在编制"项目符号"时，也可通过单击"图片"按钮或"自定义"按钮来选择图片或动态图片来作为项目符号，如图 5-73 所示。

（6）幻灯片母版的"标题样式"占位符保持默认设置，调整占位符的至适当位置，单击"幻灯片母版视图"选项卡中的"关闭母版视图"按钮，返回幻灯片编辑界面，完成对幻灯片母版的设置。

3. 输入文本内容及插入图片

操作提示：

新建多张幻灯片后，在幻灯片中输入课件所需的文本内容及插入剪贴画和图片，并调整图片的大小及位置，如图 5-74 所示。

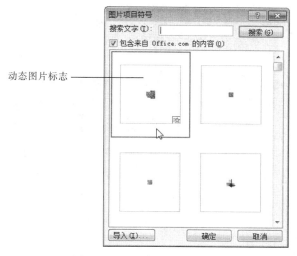

图 5-73　"图片项目符号"对话框

图 5-74　输入文本内容与插入图片

4．设置备注

1）输入备注内容

操作提示：

选择第 2 张幻灯片，在"备注窗格"中输入配合幻灯片内容的展示或演讲所需的备注内容，如图 5-75 所示。

2）编辑备注母版

要统一所有幻灯片的备注格式，可通过备注母版对备注文字的字体、字形、字号、颜色、项目符号等进行设置。

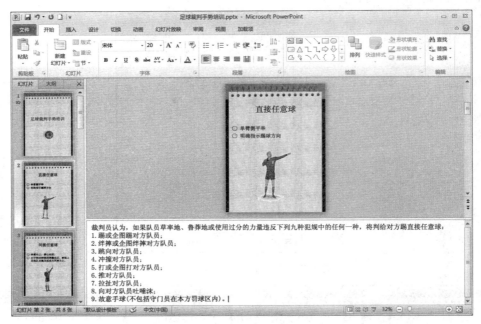

图 5-75　输入备注内容

操作提示：

（1）单击"视图"选项卡"母版视图"功能组中的"备注母版"按钮，选择"开始"选项卡，设置备注的字体为"宋体"，字号"12"，如图 5-76 所示。

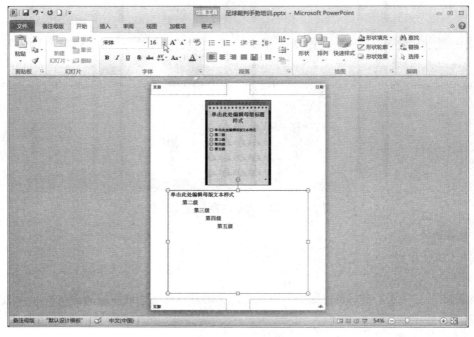

图 5-76　设置备注母版

（2）选择第 2 张幻灯片，单击"视图"选项卡"演示文稿视图"功能组中的"备注页"按钮，进入备注视图模式对进行备注内容编辑，如图 5-77 所示。

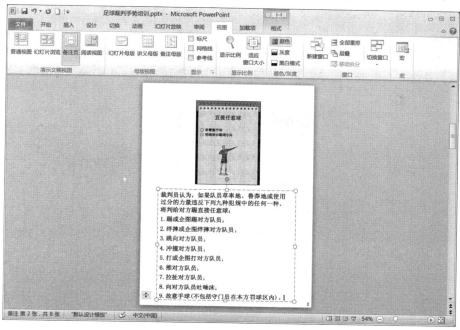

图 5-77　备注视图模式

3）打印备注

操作提示：

打开"文件"选项卡，单击"打印"按钮，在"打印版式"中选择"备注页"。在右侧可对打印效果进行即时预览，如果合乎要求，可单击"打印"按钮进行打印，如图 5-78 所示。

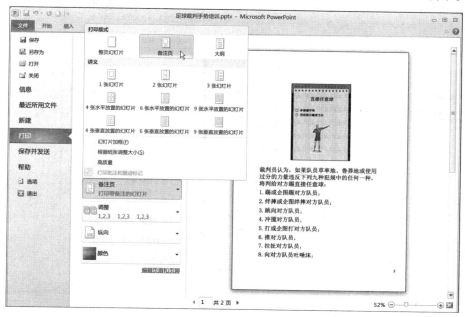

图 5-78　预览并打印备注

4）创建讲义

备注内容可导出为 Word 文档，并在 Word 下进行编辑、阅读及打印。

操作提示：

（1）打开"文件"选项卡，单击"保存并发送"按钮，在"保存并发送"列表中选择"创建讲义"选项，并在右侧单击"创建讲义"按钮，弹出"发送到 Microsoft Word"对话框，如图 5-79 所示。

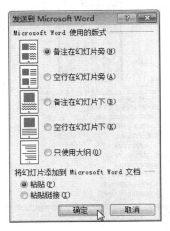

图 5-79 "发送到 Microsoft Word"对话框

（2）选择适当的"Microsoft Word 使用的版式"，单击"确定"按钮，自动打开 Word 文档，并将各张幻灯片及备注以选择的版式显示，如图 5-80 所示。

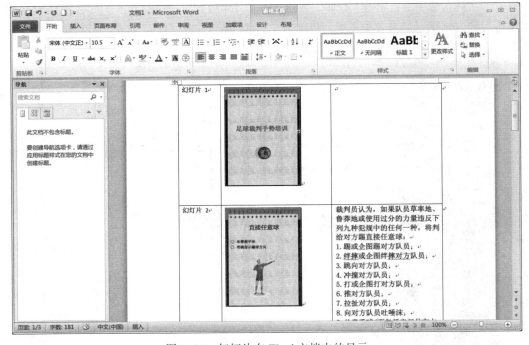

图 5-80 幻灯片在 Word 文档中的显示

5. 自定义动画

1）应用预设动画及使用动画刷

使用 Powerpoint 2010 中的"动画刷"工具，可以将设置好的动画效果复制到其他对象中去。

操作提示：

（1）选择第 1 张幻灯片，选定"标题"占位符，运用预设自定义动画的方法，按图 5-81 所示设置自定义动画。

图 5-81　设置自定义动画效果

（2）再次选择第 1 张幻灯片的"标题"占位符，单击"动画"选项卡"高级动画"功能组中的"动画刷"按钮，复制已设置的动画效果，如图 5-82 所示。

（3）转到要应用该动画效果的幻灯片，将复制的动画效果应用于对象，如图 5-82 所示。

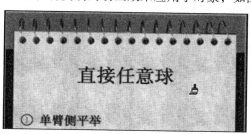

图 5-82　复制动画效果

（4）如需将该动画效果应用于多个对象，可通过双击"动画刷"按钮，复制动画效果。

2）绘制动画移动路径

操作提示：

（1）在第 1 张幻灯片中，选择插入的剪贴画"足球"，打开"动画"选项卡，在"动画"功能组的列表框中选择"自定义路径"选项，如图 5-83 所示。

图 5-83　选择"自定义路径"选项

（2）单击"效果选项"下拉按钮，在其下拉列表中选择"曲线"类型，如图 5-84 所示。

（3）在幻灯片中，通过按住鼠标左键拖动绘制出需要的曲线路径，如图 5-85 所示。

（4）在"计时"功能组中，修改"开始"为"上一动画后"，让此自定义动画在"标题"占位符动画后自动播放。

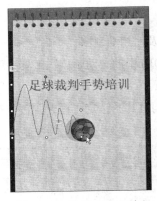

图 5-84　"曲线"类型　　　　图 5-85　绘制自定义路径

6．讲义制作与打印

为了使观众在听完演讲后，能加深记忆，跟进学习，随时阅读，可以制作成讲义分发给听众。

操作提示：

（1）打开"文件"选项卡，单击"打印"按钮，在"打印版式"列表中选择"6 张垂直放置的幻灯片"选项，如图 5-86 所示。

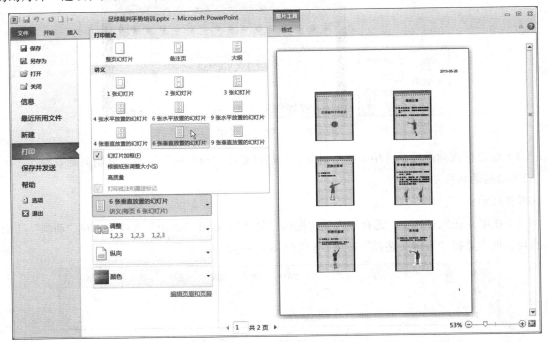

图 5-86　打印讲义设置

（2）在"份数"设置框中输入所需打印份数，单击"打印"按钮，进行讲义的打印，如图 5-87所示。

（3）单击快速访问工具栏中的"保存"按钮，或单击"文件"选项卡中"另存为"按钮，在"另存为"对话框中输入文件名和设置保存的文件类型，保存好幻灯片，完成"足球裁判手势培训"课件的制作。

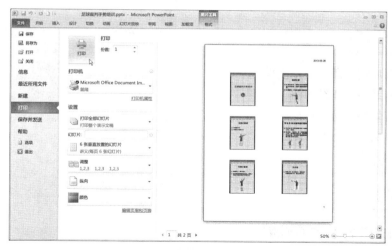

图 5-87　打印讲义

任务 5　制作"第×届全院运动会"组织准备工作报告演示文稿

任务情境

田径运动竞赛是推动田径运动不断向前发展的有效动力，是检查教学、训练效果，衡量田径运动水平的主要途径，是推动全民健身活动广泛开展的重要方法，是学校体育工作的重要组成部分，竞赛的组织筹备工作对田径运动竞赛活动的成功与否起着重要作用，而制作宣传的幻灯片也是组织工作之一。运动会组织工作报告如图 5-88 所示。本任务中将学习连接到互联网下载、使用模板，插入和编辑组织结构图、Excel 对象和图表等来展示论文的内容、观点、数据，并在后期调整好幻灯片的顺序并打包演示文稿准备演讲和答辩。

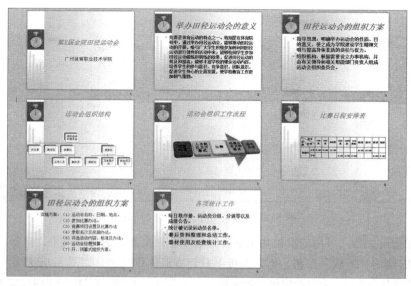

图 5-88　运动会组织工作报告

任务分解

（1）连接互联网下载、应用模板；

（2）插入和编辑组织结构图；

（3）插入和编辑自选图形；

（4）插入和编辑 Excel 对象；

（5）打包演示文稿。

任务实施

1. 连接互连网下载、应用模板

制作幻灯片时，除了不用 PowerPoint 2010 自带的主题和模板外，PowerPoint 2010 还可以通过连接到互联网下载各式各样丰富精美的模板来制作幻灯片。

操作提示：

（1）打开"文件"选项卡，单击"新建"按钮，在"可用的模板和主题区域"的"Office.com 模板"搜索栏中输入"体育"，单击"开始搜索"按钮，搜索互联网上适合的模板，如图 5-89 所示。

图 5-89　搜索 Office.com 上的模板

（2）经过搜索，在"可用的模板和主题"区域中会列出相关的搜索结果，选择"速度型设计模板"，单击右侧的"下载"按钮，将该模板下载到本地计算机上，如图 5-90 所示。

（3）模板下载完成后，会自动应用于新建的幻灯片文档，打开幻灯片编辑界面，如图 5-91 所示。

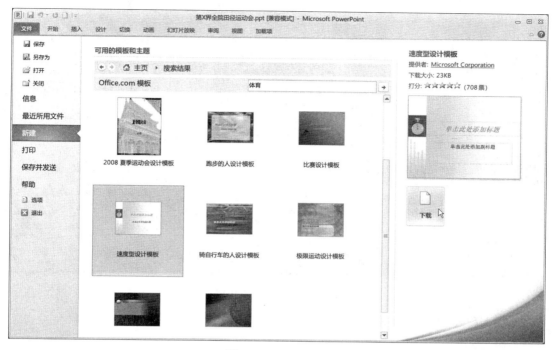

图 5-90　下载模板

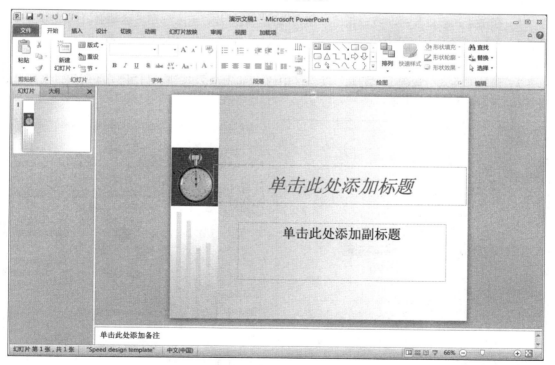

图 5-91　使用模板建立新幻灯片文档

（4）在新建立的幻灯片文档内，新建多张幻灯片，并按幻灯片内容需要输入文本内容，如图 5-92 所示。

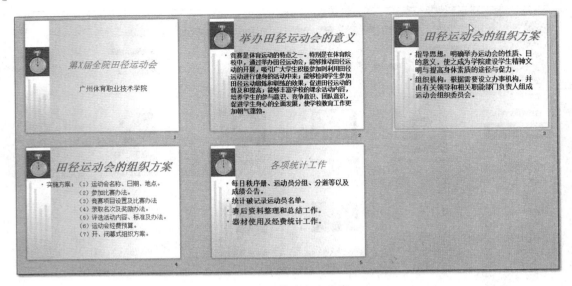

图 5-92　输入文本内容

2．插入和编辑组织结构图

1）插入组织结构图

操作提示：

（1）在第 4 张幻灯片后新建一张"标题和内容"幻灯片，输入标题"运动会组织结构"。

（2）单击"文本"占位符中的"插入 SmartArt 图形"按钮，如图 5-93 所示，弹出"选择 SmartArt 图形"对话框。

（3）通过"插入"选项卡"插画"功能区中的"SmartArt"按钮，如图 5-94 所示，也可弹出"选择 SmartArt 图形"对话框。

图 5-93　"插入 SmartArt 图形"按钮

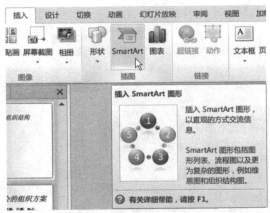

图 5-94　单击"SmartArt"按钮

（4）在"选择 SmartArt 图形"对话框左侧列表框中选择"层次结构"选项，中间区域选择"组织结构图"，单击"确定"按钮，如图 5-95 所示，在幻灯片中插入组织结构图，如图 5-96 所示。

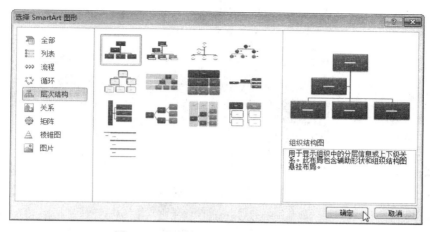

图 5-95　"选择 SmartArt 图形"对话框

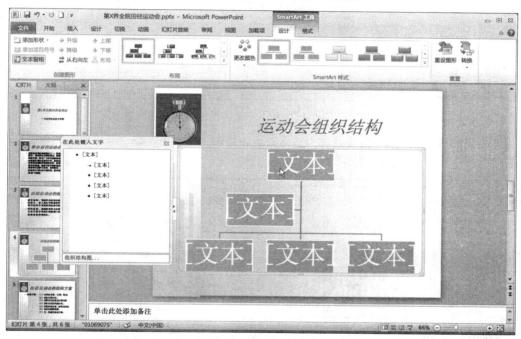

图 5-96　插入组织结构图

2）调整组织结构形状

操作提示：

（1）删除组织结构图形状：选择"助理"，按【Delete】键将其删除。

（2）增加组织机构图形状：选取组织结构图第一层的形状，打开"设计"选项卡，单击"创建图形"功能组中的"添加图形"下拉按钮，在其下拉列表中单击"在下方添加形状"命令，在第二层插入新的形状，如图 5-97 所示。

（3）也可通过选择第二层任意一个形状，打开"设计"选项卡，单击"创建图形"功能组中的"添加图形"下拉按钮，在下拉列表中选择"在前面添加形状"或"在后面添加形状"选项，在第二层中增加形状。

图 5-97　在下方添加形状

（4）添加形状也可在通过选择任意形状后右击，弹出快捷菜单，在"添加形状"级联菜单中选择需要的命令添加形状，如图 5-98 所示。

图 5-98　通过快捷菜单插入形状

（5）使用上述方法，增加适量的组织结构形状，并在形状的文本框内输入相应的文字，如图 5-99 所示。

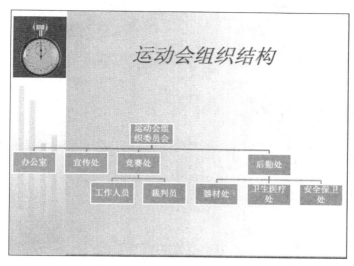

图 5-99　插入形状及输入文本

3）修改组织结构图样式

操作提示：

（1）选择组织结构图，打开"设计"选项卡，在"布局"功能组中单击"层次结构"，将其应用于组织结构图，如图 5-100 所示。

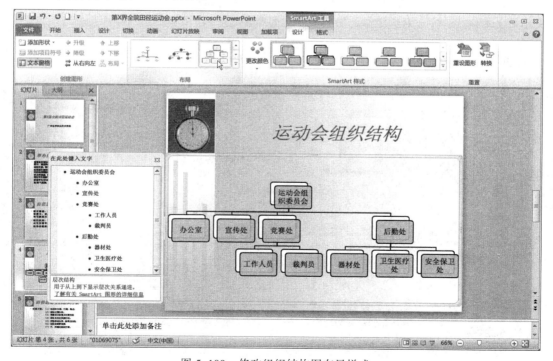

图 5-100　修改组织结构图布局样式

（2）在"SmartArt 样式"功能组中单击"更改颜色"下拉按钮，在其下拉列表中选择"强调文字颜色 2"中的第 2 个颜色样式，将其应用于组织结构图，如图 5-101 所示。

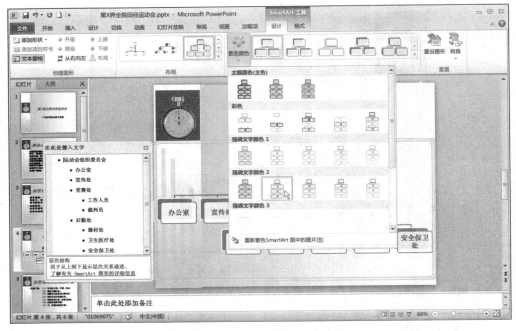

图 5-101　更改颜色

（3）在"SmartArt 样式"功能组中选择"白色轮廓"样式应用于组织结构图，调整组织结构图大小及文本格式，完成对组织结构图的编制，如图 5-102 所示。

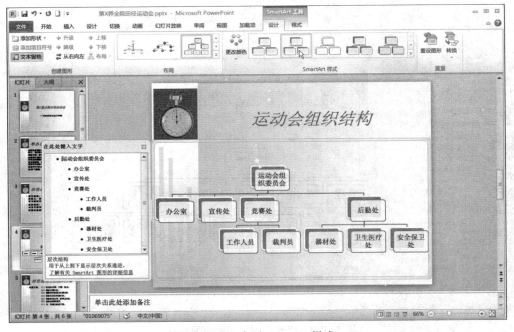

图 5-102　应用 SmartArt 样式

3. 插入和编辑流程图

1）插入流程图

操作提示：

（1）在第 5 张幻灯片后新建一张空白幻灯片，输入标题"运动会组织工作流程"。

（2）单击"文本"占位符内的"插入 SmartArt 图形"按钮，弹出"选择 SmartArt 图形"对话框，在左侧列表框中选择"流程"，中间列表框中选择"连续块状流程"，单击"确定"按钮，在幻灯片中插入流程图，如图 5-103 所示。

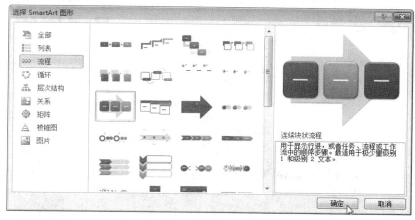

图 5-103　创建流程图

2）编辑流程图样式

（1）应用前面学习到的方法，在流程图中添加两个形状，并在"SmartArt 样式"功能组中选择"鸟瞰场景"样式应用于流程图，如图 5-104 所示。

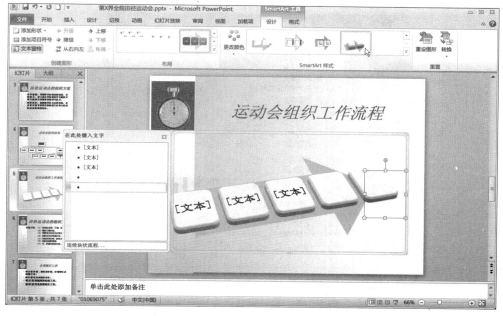

图 5-104　编辑流程图样式

（2）选择流程图中的箭头形状，打开"开始"选项卡，在"绘图"功能组中单击"形状填充"下拉按钮，在其下拉列表中选择"渐变"→"其他渐变"选项，如图 5-105 所示，弹出"设置形状格式"对话框。

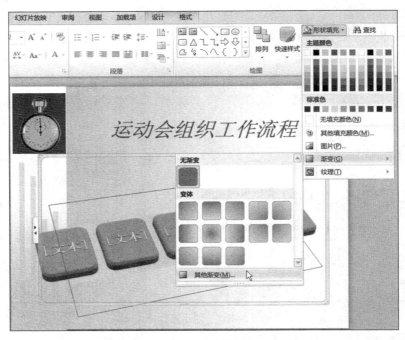

图 5-105　选择"其他渐变"选项

（3）在"设置形状格式"对话框中，按图 5-106 所示进行设置，其中预设颜色设为"茵茵绿原"；方向设为"线性向右"，单击"关闭"按钮返回编辑界面。

图 5-106　设置形状渐变填充效果

（4）分别选择各个形状，通过"形状填充"下拉列表设置它们的颜色，如图 5-107 所示。

图 5-107　设置形状的颜色

（5）在形状中输入相应的文本内容，按图 5-108 中"字体"功能组设置文字格式，并调整形状大小。

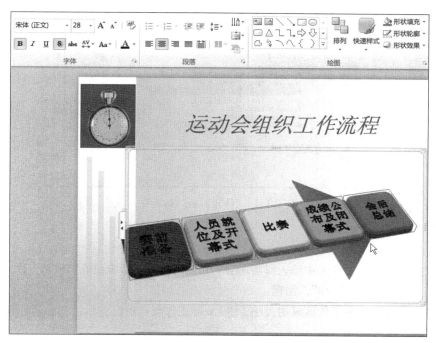

图 5-108　流程图效果

3）转换 SmartArt 为形状

（1）选择流程图，打开"设计"选项卡，可通过"重置"功能组中的"转换"按钮将"SmartArt"转换成形状进行编辑，如图 5-109 所示。

（2）转换成形状后，可对形状进行独立的角度调整，移动、删除、大小调整等，如图 5-110 所示。

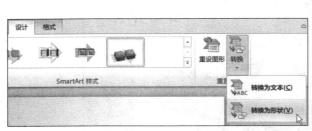

图 5-109　转换为形状

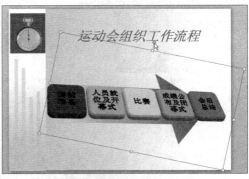

图 5-110　调整形状

4．插入和编辑 Excel 对象

1）插入 Excel 对象

操作提示：

（1）在幻灯片 6 后新建一张幻灯片，输入标题"比赛日程安排表"并删除文本占位符。

（2）打开"插入"选项卡，单击"文本"功能组中的"对象"按钮，在弹出的"插入对象"对话框中选择"Microsoft Excel 工作表"对象类型，如图 5-111 所示，单击"确认"按钮，完成 Excel 对象的插入。

图 5-111　"插入对象"对话框

2）编辑 Excel 对象

操作提示：

（1）在打开的 Excel 工作表中输入所需内容，并使用在第 4 章学到的知识对工作表进行编制，文本字体为"宋体"，字号"18"，加粗。

（2）调整 Excel 工作表工作区域的大小，使 Excel 工作表在退出编辑状态后显示所需内容，如图 5-112 所示。

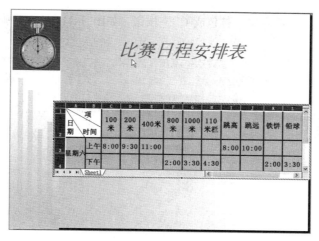

图 5-112　调整工作表区域

（3）单击该幻灯片 Excel 工作表工作区域外任意地方，退出 Excel 编辑状态。拖动工作表至适当位置，完成插入 Excel 对象的插入，效果如图 5-113 所示。

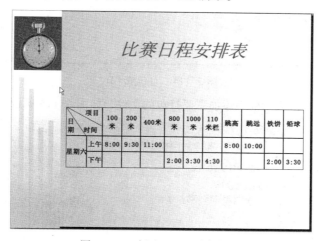

图 5-113　插入 Excel 对象效果

5. 打包演示文稿

PowerPoint 演示文稿通常包含各种独立的文件，如音乐文件、视频文件、图片文件和动画文件等；由于运用上的需要，有时不得不将这些文件综合起来共同使用，也正是因为各种文件都是独立的，尽管已综合在一起，难免会存在部分文件损坏或丢失的可能，导致整体无法发挥作用。

为此，PowerPoint 提供了打包功能。所谓打包，就是将独立的已综合起来共同使用的单个或多个文件集成在一起，生成一种独立于运行环境的文件。打包能解决运行环境的限制和文件损坏或无法调用的不可预料的问题，如打包文件能在未安装 PowerPoint、Flash 等环境下运行，在目前主流的各种操作系统下运行等。

操作提示：

（1）打开"文件"选项卡，单击"保存并发送"按钮，在"保存并发送"列表中选择"将演示文稿打包成 CD"选项，再单击"打包成 CD"按钮，如图 5-114 所示，弹出"打包成 CD"对话框。

图 5-114　打包成 CD

（2）在"打包成 CD"对话框中添加需要打包的文件，如图 5-115 所示。

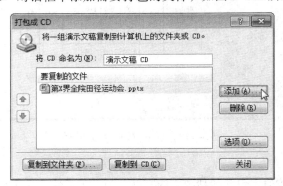

图 5-115　"打包成 CD"对话框

（3）单击"选项"按钮，弹出"选项"对话框，按需勾选选项，并可设置打开文件的密码及修改文件的密码。单击"确定"按钮返回"打包成 CD"对话框，如图 5-116 所示。

（4）单击"复制到文件夹"按钮，在弹出的对话框中设置文件夹名称和储存路径，单击"确定"按钮进行打包操作，如图 5-117 所示。如计算机中的光驱带有刻录功能，此处还可以单击"复制到 CD"按钮，将文件打包后刻录到 CD 光盘中进行刻录，方便保存、携带和播放。

（5）单击快速访问工具栏中的"保存"按钮，或单击"文件"选项卡中的"另存为"按钮，在"另存为"对话框中输入文件名和设置保存的文件类型，保存好幻灯片，完成"第 × 界全院运动会"组织准备工作报告幻灯片的制作。

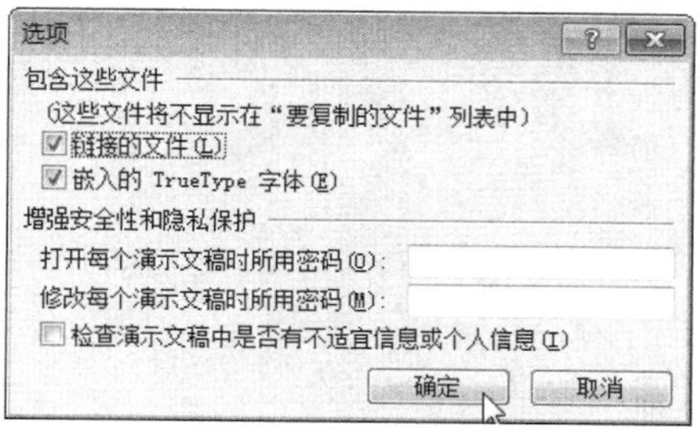

图 5-116　"选项"对话框 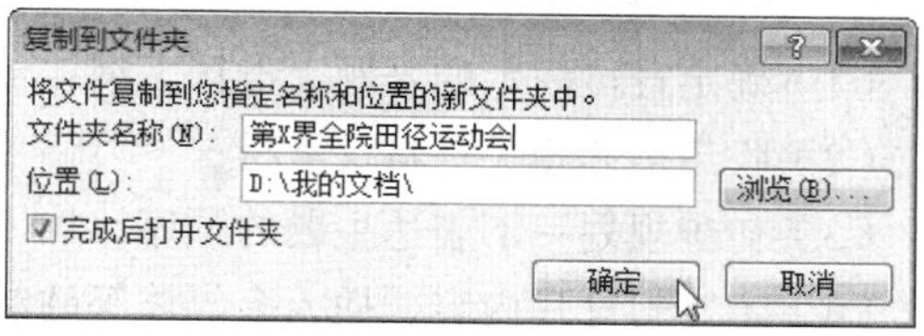　　　　　　图 5-117　"复制到文件夹"对话框

任务 6　制作"运动与健康　科学健身"宣传演示文稿

任务情境

使用 PowerPoint 2010 制作宣传电子幻灯片，能够制作出集文字、图形、图像、声音以及视频剪辑等多媒体元素于一体的演示文稿，把自己所要表达的信息组织在一组图文并茂的画面中，用于介绍公司的产品、展示自己的学术成果和进行教育宣传等。用户不仅在投影仪或者计算机上进行演示，也可以将演示文稿打印出来，制作成胶片，以便应用到更广泛的领域中。

在经过多个实例学习后，本次任务将运用之前学到的综合建立编辑幻灯片母版、幻灯片背景、颜色设计、插入图片、影片、自选图形，自动以动画、插入图表、Excel 对象等知识综合制作一份宣传运动与健康的演示文稿。效果如图 5-118 所示。

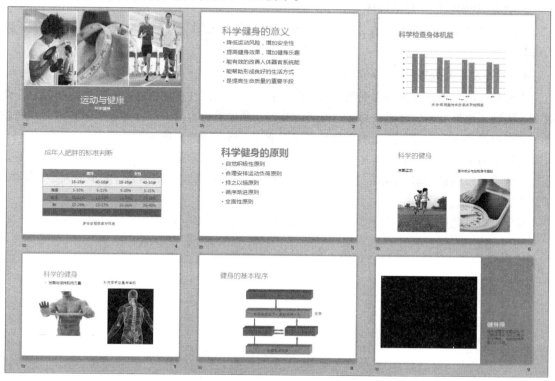

图 5-118　"运动与健康—科学健身"宣传演示文稿

任务分解

（1）确定宣传演示的主题，设计大纲；

（2）收集整理相关资料及素材；

（3）初步规划一下表达主题的顺序，加入文字说明；

（4）丰富幻灯片内容、插入多媒体等的制作及后期处理。

任务实施

1. 确定主题，设计大纲

随着经济社会的发展，全民健身在提高身心素质、促进交流、增进社会和谐等方面发挥着越来越重要的作用，已成为广大市民群众的迫切需求。制作科学健身运动的相关宣传幻灯片正是为进一步促进全民健身活动的蓬勃开展，从而不断增强市民体质这一主题。

在确定好主题后，开始动手制作幻灯片前，可以先用笔在纸上写出提纲，简单的画出逻辑结构图，明确制作的要点与方向。

2. 收集整理相关资料及素材

根据主题，收集整理相关的文字、多媒体资料，如影片、声音、图片等，并进行标示，分类处理以备用。

3. 初步规划表达主题的顺序

在幻灯片中输入提纲及要点，并理清顺序，加入文字说明，进行增减调整并补充收集所需的材料。

4. 制作及后期处理

遵循精简的原则，最好的表现顺序是：图—表—字，幻灯片中的内容有可以做成图的，带有数字、流程、因果关系、障碍、趋势、时间、并列、顺序等内容的，都可考虑用图画的方式来表现。如内容过多或实在是无法用图表现时，则考虑用表格或图表来展示。

选用合适的模板，根据幻灯片呈现出的氛围选用不同的色彩搭配，当 Office 自带的模板不合适时，可通过添加背景图、Logo、装饰图进行制作。在母版视图中调整标题、文字的大小和字体，以及合适的位置。

根据母版的色调，将图进行美化，如调整颜色、阴影、立体、线条，美化表格、突出文字等。

第6章 | Internet 的基本应用

任务1 为个人计算机联网

任务情境

现今，计算机网络无处不在，从手机中的浏览器到具有无线接入服务的机场、咖啡厅；从具有宽带接入的家庭网络到每张办公桌都有联网功能的传统办公场所，再到联网的汽车、联网的传感器、因特网等。可以说计算机网络已成为人类日常生活与工作中必不可少的一部分。

任务分解

（1）认识计算机网络；

（2）认识 ICP/IP 协议；

（3）设置 IP 地址；

（4）接入 Internet。

任务实施

1. 认识计算机网络

1）计算机网络的概念和功能

计算机网络是指将地理位置不同的具有独立功能的多台计算机及其外围设备，通过通信线路连接起来，在网络操作系统、网络管理软件及网络通信协议的管理和协调下，实现资源共享和信息传递的计算机系统。简单地说，计算机网络就是通过电缆、电话线或无线通信设备将两台以上的计算机互连起来的集合。

概括起来说，一个计算机网络必须具备以下 3 个基本要素：

（1）至少有两个具有独立操作系统的计算机，且它们之间有相互共享某种资源的需求。

（2）两个独立的计算机之间必须有某种通信手段将其连接。

（3）网络中各个独立的计算机之间要能相互通信，必须制定相互可确认的规范标准或协议。

计算机网络技术使计算机的作用范围和其自身的功能有了突破性的发展。计算机网络虽然各种各样，但作为计算机网络都应具有如下功能：

（1）数据通信。数据通信是计算机网络最基本的功能之一，利用这一功能，分散在不同地理位置的计算机就可以相互传输信息。该功能是计算机网络实现其他功能的基础。

（2）资源共享。网络资源共享包括以下几点：

① 硬件资源共享。通过网络共享硬件设备，可以减少预算、节约开支。

② 软件资源共享。网络上的一些计算机中可能有一些别的计算机上没有但却十分有用的程序，用户可通过网络来使用这些软件资源。

③ 数据与信息资源共享。计算机上各种有用的数据和信息资源，通过网络可以快速准确地向其他计算机传送，如图书馆将其书目信息放在校园网上，学校的师生可以通过校园网迅速找到自己感兴趣的有关信息，而不必跑到图书馆去查找。

（3）进行数据信息的集中和综合处理。将分散在各地计算机中的数据资料适时集中或分级管理，并经综合处理后形成各种报表，提供给管理者或决策者分析和参考，如自动订票系统、政府部门的计划统计系统、银行财政及各种金融系统、数据的收集和处理系统、地震资料收集与处理系统、地质资料采集与处理系统等。

（4）提高系统的可靠性和可用性。当网络中的某一处理机发生故障时，可由别的路径传输信息或转到别的系统中代为处理，以保证用户的正常操作，不因局部故障而导致系统的瘫痪。又如某一数据库中的数据因处理机发生故障而消失或遭到破坏时，可从另一台计算机的备份数据库中调来进行处理，并恢复遭破坏的数据库，从而提高系统的可靠性和可用性。

（5）分布处理。对于综合性的大型问题可采用合适的算法，将任务分散到网络中不同的计算机上进行分布式处理。特别是对当前流行的局域网更有意义，利用网络技术将微机连成高性能的分布式计算机系统，使它具有解决复杂问题的能力。

以上只是列举了一些计算机网络的常用功能，随着计算机技术的不断发展，计算机网络的功能和提供的服务将会不断增加。

2）计算机网络的分类

（1）按网络拓扑结构划分。计算机网络的物理连接方式称为网络的拓扑结构（Network Topology），网络的拓扑中用结点来表示联网的计算机，用线来表示连接计算机的通信线路，它的结构主要有星状结构、总线结构、环状结构、树状结构、网状结构等，如图6-1所示。

（2）按网络覆盖范围划分。根据计算机网络所覆盖的地理范围、信息的传输速率及其应用目的，计算机网络通常被分为接入网（AN）、局域网（LAN）、城域网（MAN）、广域网（WAN）。这种分类方法也是目前较为流行的一种分类方法。

① 局域网（Local Area Network，LAN）：通常我们常见的"LAN"就是指局域网，这是最常见、应用最广的一种网络。现在的局域网随着整个计算机网络技术的发展和提高得到充分的应用和普及，几乎每个单位都有自己的局域网，甚至有些家庭中都有自己的小型局域网。很明显，所谓局域网，就是在局部地区范围内的网络，它所覆盖的地区范围较小。局域网在计算机数量配置上没有太多的限制，少的可以只有两台，多的可达几百台。一般来说，在企业局域网中，工作站的数量为几十到两百台次。在网络所涉及的地理距离上一般来说可以是几米至 10 km。局域网一般位于一个建筑物或一个单位内，不存在寻径问题，不包括网络层的应用。

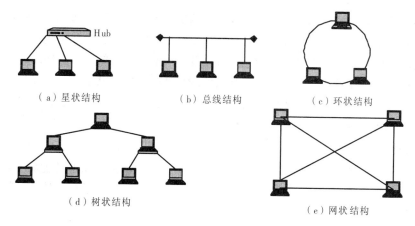

（a）星状结构　　　　　　（b）总线结构　　　　　　（c）环状结构

（d）树状结构　　　　　　　　　　　（e）网状结构

图 6-1　网络的拓扑结构

这种网络的特点是：连接范围窄、用户数少、配置容易、连接速率高。目前局域网最快的速率要算现今的 10 Gbit/s 以太网了。IEEE 的 802 标准委员会定义了多种主要的 LAN：以太网（Ethernet）、令牌环网（Token Ring）、光纤分布式接口网络（FDDI）、异步传输模式网（ATM）以及最新的无线局域网（WLAN）。

② 城域网（Metropolitan Area Network，MAN）：这种网络一般来说是在一个城市，但不在同一地理小区范围内的计算机互连。这种网络的连接距离可以在 10～100 km，它采用的是 IEEE802.6 标准。MAN 与 LAN 相比扩展的距离更长，连接的计算机数量更多，在地理范围上可以说是 LAN 网络的延伸。在一个大型城市或都市地区，一个 MAN 网络通常连接着多个 LAN 网。如连接政府机构的 LAN、医院的 LAN、电信的 LAN、公司企业的 LAN 等。由于光纤连接的引入，使 MAN 中高速的 LAN 互连成为可能。

③ 广域网（Wide Area Network，WAN）：这种网络又称远程网，所覆盖的范围比城域网（MAN）更广，它一般是在不同城市之间的 LAN 或者 MAN 网络互连，地理范围可从几百千米到几千千米。因为距离较远，信息衰减比较严重，所以这种网络一般要租用专线，通过 IMP（接口信息处理）协议和线路连接起来，构成网状结构，解决寻径问题。这种城域网因为所连接的用户多，总出口带宽有限，所以用户的终端连接速率一般较低，通常为 9.6 kbit/s～45 Mbit/s，如邮电部的 CHINANET、CHINAPAC 和 CHINADDN 网。

3）计算机网络的组成

无论是哪一种类型的计算机网络一般都由下面几部分组成：

（1）计算机。这是网络的主体。随着家用电器的智能化和网络化，越来越多的家用电器如手机、电视机顶盒（使电视机不仅可以收看数字电视，而且可以使电视机作为因特网的终端设备使用）、监控报警设备，甚至厨房卫生设备等也可以接入计算机网络，它们统称为网络的终端设备。

（2）数据通信链路。用于数据传输的双绞线、同轴电缆，光缆、以及为了有效而正确可靠地传输数据所必须的各种通信控制设备（如网卡、集线器、交换机、调制解调器、路由器等），它们构成了计算机与通信设备、计算机与计算机之间的数据通信链路。

（3）网络协议。为了使网络中的计算机能正确地进行数据通信和资源共享，计算机和通信控制设备必须共同遵循一组规则和约定，这些规则、约定或标准称为网络协议，简称协议。

（4）网络操作系统和网络应用软件。连接在网络上的计算机，其操作系统必须遵循通信协议支持网络通信才能使计算机接入网络。因此，现在几乎所有操作系统都具有网络通信功能。特别是运行在服务器上的操作系统，它除了具有强大的网络通信和资源共享之外，还负责网络的管理工作（如授权、日志、计费、安全等），这种操作系统称为服务器操作系统或网络操作系统。

2. 认识 TCP/IP 协议

为了帮助和指导各种计算机在世界范围内互连成网，国际标准化组织（ISO）于 1977 年提出了开放系统互连参考模型及一系列相关的协议。20 世纪 80 年代中期以来飞速发展的因特网，它们采用的是美国国防部提出的 TCP/IP 协议系列。目前 TCP/IP 协议已经在各种类型的计算机网络中得到了普遍采用。

1）TCP（Transmission Control Protocol）协议

TCP 即传输控制协议，位于传输层。是一种面向连接的、可靠的、基于字节流的传输层通信协议。依赖于 TCP 协议的应用层协议主要是需要大量传输交互式报文的应用，如远程登录协议 Telnet、简单邮件传输协议 SMTP、文件传输协议 FTP、超文本传输协议 HTTP 等。

2）IP（Internet Protocol）协议

IP 是网际协议，它位于网路层，主要负责将信息从一处传输到另一处，为实现这一目的，该协议可以将不同格式的物理地址转换为统一的 IP 地址，将不同格式的数据帧转换为统一的"IP 数据报"，向其上一层即 TCP 所在的传输层提供 IP 数据报，同时确定数据的传输路径，即路由选择。

3）TCP/IP 协议体系结构

TCP/IP 是一个 4 层的体系结构，包含应用层、传输层、网际层和网络接口层，如图 6-2 所示。

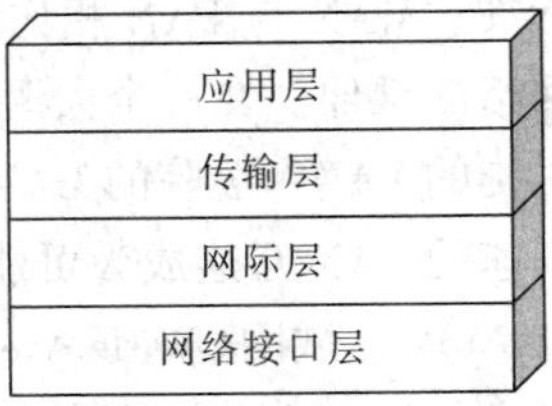

3. 设置 IP 地址

1）认识 IP 地址

图 6-2　TCP/IP 体系结构

IP 地址被用来给 Internet 上的计算机一个编号。众所周知，在电话通信中，电话用户是靠电话号码来识别的。同样，在网络中为了区别不同的计算机，也需要给计算机指定一个号码，这个号码就是"IP 地址"。

IP 地址就像是我们的家庭住址一样，如果你要写信给一个人，就要知道他（她）的地址，这样邮递员才能把信送到。计算机发送信息是就好比是邮递员，它必须知道唯一的"家庭地址"才能不至于把信送错人家。只不过我们的地址使用文字来表示的，计算机的地址用十进制数字表示。

Internet 上的每台主机（Host）都有一个唯一的 IP 地址。IP 协议就是使用这个地址在主机之间传递信息，这是 Internet 能够运行的基础。IP 地址是一个 32 位的二进制数，通常被分割为 4 个 8 位二进制数（也就是 4 个字节），表示成（a.b.c.d）的形式，其中，a、b、c、d 都是 0~255 的十进制整数。

这 32 位地址中包含了网络标识和主机标识两部分，即

IP 地址=网络标识+主机标识

其中，网络标题表明主机所连接的网络，主机标识表明了该网络上特定的那台主机。

IP 地址分为 5 类。A、B、C 三类是常用地址。IP 地址的编码规定全 0 表示本地地址，即本地网络或本地主机。全 1 表示广播地址，任何网站都能接收。根据 IP 地址的第一个字节，就可以判断它是哪类地址，如表 6-1 所示。

表 6-1　IP 地址的分类

分　类	第一个十进制数的范围	应　用
A	1～126	大规模网络
B	128～191	中等规模网络
C	192～223	小规模网络，例如校园网
D	224～239	多目的地址发送
E	240～254	保留

2）子网掩码

随着互联网的发展，越来越多的网络产生，有的网络多则几百台，有的只有区区几台，这就浪费了很多 IP 地址，为了减少 IP 的浪费，就要划分子网。使用子网可以提高网络应用的效率。

子网掩码（Subnet Mask）又称网络掩码、地址掩码、子网络遮罩，它是一种用来指明一个 IP 地址的哪些位标识的是主机所在的子网以及哪些位标识的是主机的位掩码。与 IP 地址相同，子网掩码也是一个 32 位地址，它不能单独存在，必须结合 IP 地址一起使用。

子网掩码的主要作用有两个，一是用于屏蔽 IP 地址的一部分以区别网络标识和主机标识，并说明该 IP 地址是在局域网上，还是在远程网上。二是用于将一个大的 IP 网络划分为若干小的子网络。

对于 A 类地址来说，默认的子网掩码是 255.0.0.0；对于 B 类地址来说默认的子网掩码是 255.255.0.0；对于 C 类地址来说默认的子网掩码是 255.255.255.0。利用子网掩码可以把大的网络划分成子网即 VLSM（可变长子网掩码），也可以把小的网络归并成大的网络即超网。

3）设置 IP 地址

当安装了网卡后，一般需要对其 IP 地址进行设置才可以连接到网络。那么如何设置网卡的 IP 地址，又如何得知目前网卡的 IP 地址呢？在 Windows 7 中，可以通过控制面板中的网络和 Internet 进行 IP 地址的设置。

操作提示：

（1）选择"开始"→"控制面板"命令，打开"控制面板"窗口，单击"网络和 Internet"，在"网络和共享中心"列表下选择"查看网络状态和任务"，即打开了"查看基本网络信息并设置连接"窗口，如图 6-3 所示。

（2）"查看基本网络信息并设置连接"窗口中，单击"本地连接"，如图 6-3 所示，弹出"本地连接 状态"对话框，如图 6-4 所示。

（3）单击"属性"按钮，弹出"本地连接 属性"对话框，如图 6-5 所示。选择"Internet 协议版本 4（TCP/IPv4），单击"属性"按钮，弹出"Internet 协议版本 4（TCP/IPv4）属性"对话框。

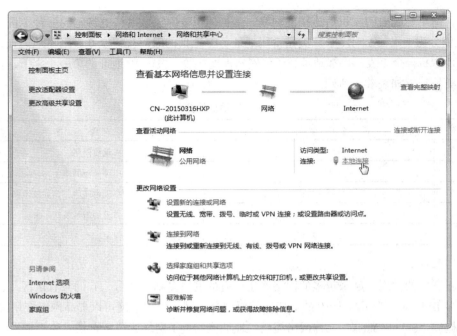

图 6-3 "网络连接"窗口

图 6-4 "本地连接 状态"对话框

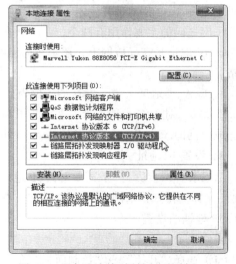

图 6-5 "本地连接 属性"对话框

（4）在"Internet 协议版本 4（TCP/IPv4）属性"对话框中，选择"使用下面的 IP 地址"，每位用户需要从网络运营商那里获取自己的 IP 地址，将自己的 IP 地址设置进去，例如，IP 地址为 10.61.10.165，就做图 6-6 所示的设置。

IP 地址：10.61.10.165。

子网掩码：255.255.255.0。

默认网关：10.61.10.1。

首选 DNS 服务器：8.8.8.8。

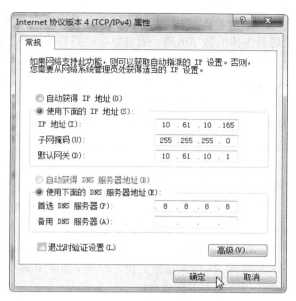

图 6-6　设置 IP 地址

（5）设置完成之后，单击"确定"退出。

4．接入 Internet

1）因特网的概念

迄今为止，对于"什么是因特网"还没有一个统一、严格的定义。一般认为，因特网（Internet）是一组全球信息资源的总汇。有一种粗略的说法，认为 Internet 是由许多小的网络（子网）互连而成的一个逻辑网，每个子网中连接着若干台计算机（主机）。Internet 以相互交流信息资源为目的，基于一些共同的协议，并通过许多路由器和公共互联网而成，它是一个信息资源和资源共享的集合。

2）接入 Internet

目前国内常见的有以下几种接入方式可供选择：

（1）通过电话拨号上网。拨号上网是目前最普通家庭用户的上网方式。拨号上网是指通过电话线将计算机连接到 Internet，所需要的设备比较简单，一台计算机、一部电话、一个调制解调器（Modem，俗称猫）就可以了。

（2）ISDN 上网。ISDN 又称"一线通"，是电信运营商在拨号上网方式之后推出的另一种适合家庭用户的使用电话上网方式。采用这种方式上网，一条电话线可以同时进行打电话、上网和收发传真等操作，而且速度比用拨号上网速度还稍微快些。

（3）ADSL 接入。ADSL（Asymmetric Digital Subscriber Line，非对称数字用户环路）是一种新的数据传输方式。它因为上行和下行带宽不对称，因此称为非对称数字用户线环路。它采用频分复用技术把普通的电话线分成了电话、上行和下行 3 个相对独立的信道，从而避免了相互之间的干扰。即使边打电话边上网，也不会发生上网速率和通话质量下降的情况。

（4）DDN 专线。随着国民经济的飞速发展，金融、证券、海关、外贸等集团用户和租用数据专线的部门、单位大幅度增加，数据库及其检索业务也迅速发展，现代社会对电信业务的依赖性越来越强。数字数据网（Digital Data Network，DDN）就是适合这些业务发展的一种传输网络。它是将数万、数十万条以光缆为主体的数字电路，通过数字电路管理设备，构成一个传输速率高、质量好，网络时延小，全透明、高流量的数据传输基础网络。

（5）卫星接入。目前，国内一些 Internet 服务提供商开展了卫星接入 Internet 的业务。适合偏远地区又需要较高带宽的用户。终端设备和通信费用都比较低。

（6）光纤接入。在一些城市开始兴建高速城域网，主干网速率可达几十吉比特每秒，并且推广宽带接入。光纤可以铺设到用户的路边或者大楼，可以以 100 Mbit/s 以上的速率接入。适合大型企业。

（7）无线接入。由于铺设光纤的费用很高，对于需要宽带接入的用户，一些城市提供无线接入。用户通过高频天线和 ISP 连接，距离在 10 km 左右，带宽为 2～11 Mbit/s，费用低廉，但是受地形和距离的限制，适合城市里距离 ISP 不远的用户。性能价格比很高。

（8）Cable Modem 接入。目前，我国有线电视网遍布全国，很多的城市提供 Cable Modem 接入 Internet 方式，速率可以达到 10 Mbit/s，甚至更快。但是 Cable Modem 的工作方式是共享带宽的，所以有可能在某个时间段出现速率下降的情况。

任务 2　使用 Internet

任务情境

把计算机接入 Internet，就可以在网上冲浪了。登录 Internet，可以随意浏览网上的海量信息，可以登录某个论坛或社区参与自己感兴趣的主题讨论，可以用实时聊天工具和远在千里之外的朋友聊天，还可以通过网络发送电子邮件等。

任务分解

（1）网上漫游；
（2）收发 E-mail；
（3）使用 QQ 聊天工具；
（4）信息检索。

任务实施

1. 网上漫游

上网浏览各种信息是因特网最普遍、最受欢迎的应用之一。用户可以随心所欲地在信息的海洋中畅游，获取自己需要的信息资源。

1）浏览网页

（1）输入网址。例如要登录"网易"，在 URL 地址栏里输入"网易"的网址 www.163.com，按【Enter】键，即可转到相应的网站，如图 6-7 所示。

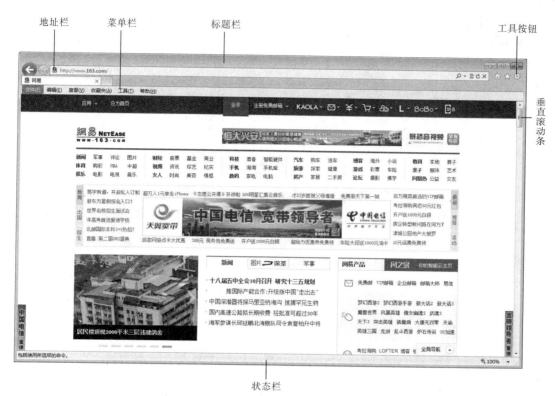

图 6-7　IE 浏览器界面

（2）浏览页面。进入页面后即可浏览。打开的第一页称为该站点的主页，主页上通常会将信息进行分类，可以通过点击不同的链接，选择自己感兴趣的信息进行浏览。

在浏览过程中，可以使用相应的工具按钮完成以下常用操作：

- 单击"主页"按钮可返回到启动 IE 时显示的 Web 页。
- 单击"收藏夹"按钮可查看收藏夹、源和历史记录。
- 单击"工具"按钮打开一下拉菜单，可进行打印、缩放、Internet 选项等设置。
- 单击"后退"按钮可返回到上次访问过的 Web 页。
- 单击"前进"按钮可返回到单击"后退"按钮前看过的 Web 页。
- 在地址栏右侧有一倒三角符号▼，单击它可以打开一下拉列表，列出最近浏览过的网址，单击选定的网址，即可转到相应的页面。
- 单击地址栏右侧的"刷新"按钮，可重新传送当前页面的内容。

2）保存网页信息

在浏览网页时如果看到想要的资料，需要保存下来，可以通过以下几种方法实现。

（1）保存网页中的文本。可用鼠标选定相应内容，通过"编辑"菜单下的"复制"命令，将相应内容复制到剪贴板上，再在其他应用程序中将其"粘贴"过来，从而达到信息的共享，也可选择"文件"菜单下的"打印"命令，将感兴趣的页面打印出来。

（2）保存网页中的图片。右击要保存的图片，在弹出的快捷菜单中执行"图片另存为"命令，在打开的对话框中选择保存位置，输入文件名，单击"保存"按钮。

（3）保存完整网页。

操作提示：

- 选择浏览器菜单栏的"文件"→"另存为"命令，如图 6-8 所示。

图 6-8   选择"另存为"命令

- 在弹出的"保存网页"对话框中，选择特定的保存路径，可更改文件名，也可更改保存类型，如图 6-9 所示。

图 6-9   "保存网页"对话框

（4）使用收藏夹收藏网页。在浏览网页时，通常会遇到一些比较感兴趣的网站，此时，可以通过"收藏夹"把该网站地址保存下来，下次再想访问该网站时，直接单击"收藏夹"，再单击相关的网站链接即可。

对于收藏夹的操作，可使用"收藏夹"工具按钮，也可使用菜单栏的"收藏夹"命令。

操作提示：

① 打开要收藏的网页（以"搜狐视频"主页为例），选择菜单栏的"收藏夹"命令，单击下拉菜单中的"添加到收藏夹"，如图 6-10 所示。在弹出的"添加收藏"对话框中，单击"确定"按钮，即可将网站地址保存到收藏夹的根目录，如图 6-11 所示。

② 在"添加收藏"对话框中，可修改名称，选择某个文件夹作为保存的位置，也可单击"新建文件夹"按钮，创建自己需要的文件夹目录。

③ 选择菜单栏的"收藏夹"命令，单击下拉菜单中的"整理收藏夹"，弹出图 6-12 所示的对话框，可以使用该对话框下方的"新建文件夹""移动""重命名""删除"按钮，整理收藏夹中的网页或创建新的文件夹。

图 6-10　选择"收藏夹"命令

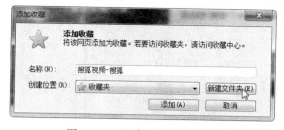

图 6-11　"添加收藏"对话框

图 6-12　"整理收藏夹"对话框

2. 收发 E-mail

1）申请免费的电子邮箱

要体验电子邮件带给我们的便利，在互联网上申请一个属于自己的电子邮箱是必要的。以下介绍申请免费电子邮箱的基本流程。

首先，需要登录一个提供免费电子邮箱注册的网站首页，这样的网站有很多，比较常用的有网易 163（www.163.com）、新浪（www.sina.com.cn）、搜狐（www.sohu.com）、Hotmail（www.hotmail.com）

等。下面以网易 163 免费邮箱申请为例。

操作提示：

（1）打开 IE 浏览器，在地址栏输入网易 163 的网址 www.163.com，按【Enter】键进入网易 163 的页面，单击页面顶端的"注册免费邮箱"，打开图 6-13 所示的页面。

图 6-13　163 网易免费邮箱首页

（2）单击"注册字母邮箱"，在相应提示后面的文本框中填写基本的注册信息。注意：带*号的选项必须填写，填写的信息可以是规则允许的任意内容（不必填写完全真实的内容），如图 6-14 所示。

图 6-14　邮箱注册界面

（3）填写完毕后，单击页面下方的"立即注册"按钮。此时就会显示 163 免费邮箱申请成功字样。单击"进入免费邮箱"按钮即可进入属于自己的邮箱。

2）Microsoft Outlook 2010 的使用

Microsoft Outlook 是微软办公软件套装的组件之一，它对 Windows 自带的 Outlook Express 的功能进行了扩充。Outlook 的功能很多，可以利用它收发电子邮件、管理联系人信息、记日记、安排日程、分配任务等。

通常在某个网站注册了自己的电子邮箱后，要收发电子邮件，需登录该网站，输入账号和密码，然后进行电子邮件的收、发、写操作。使用 Outlook 后，这些顺序便一步跳过。只要打开 Outlook 界面，Outlook 程序便自动与注册的网站电子邮箱服务器联机工作，接收电子邮件。发信时，可以使用 Outlook 创建新邮件，通过网站服务器联机发送（所有电子邮件可以脱机阅览）。另外，Outlook 在接收电子邮件时，会自动把发信人的邮箱地址存入"通讯簿"，供以后调用。

（1）设置 Microsoft Outlook 2010。以中文版 Microsoft Outlook 2010 为例设置 Outlook。

操作提示：

- 单击"开始"菜单，在"所有程序"中选择 Microsoft Office，单击 Microsoft Outlook 2010，启动 Microsoft Outlook 2010，如图 6-15 所示。

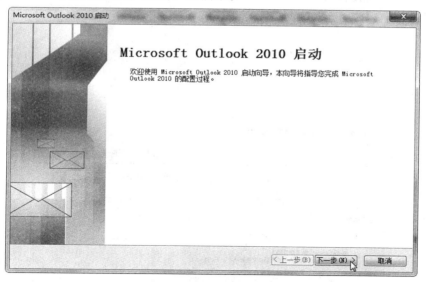

图 6-15　启动 Outlook 2010

- 单击"下一步"按钮，选择"是"，单击"下一步"按钮开始配置电子账户，如图 6-16 所示。
- 选择"手动配置服务器设置或其他服务器类型（M）"，单击"下一步"按钮，选择"Internet 电子邮件（I）"，如图 6-17 和图 6-18 所示。
- 填写用户信息、服务器信息与登录信息。以 163 邮箱为例，"接收邮件服务器（I）"填写"pop.163.com"，"发送邮件服务器（SMTP）（O）"填写"smtp.163.com"，如图 6-19 所示。信息输入完毕之后，单击"其他设置"，勾选"我的发送服务器（SMTP）要求验证（O）"，如图 6-20 所示。

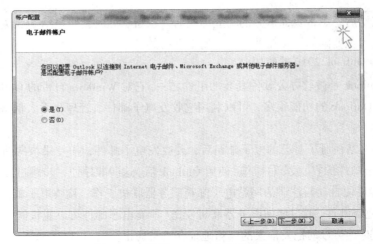

图 6-16　配置 Outlook 电子邮件账户

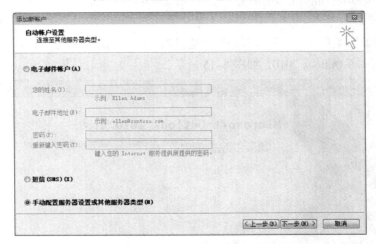

图 6-17　"自动账户设置"对话框

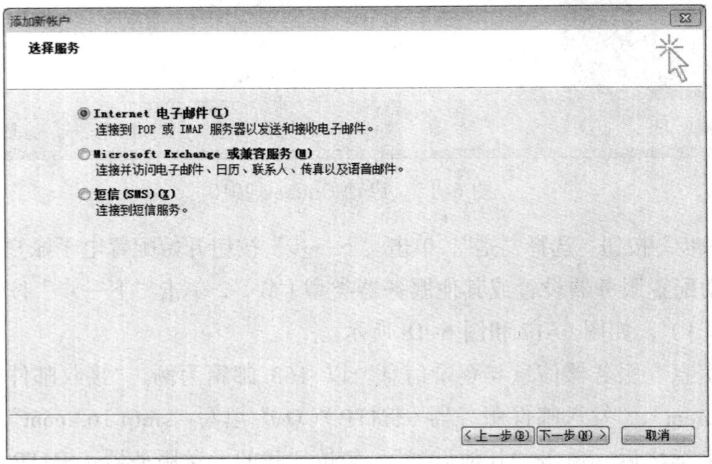

图 6-18　"选择服务"对话框

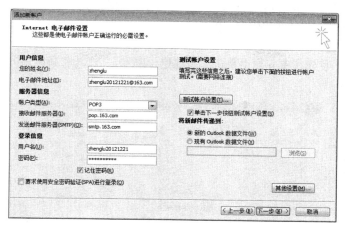

图 6-19　填写账户信息

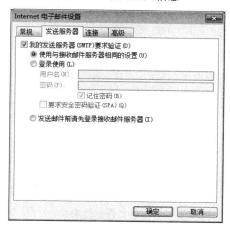

图 6-20　发送服务器设置

- 单击"确定"返回上一个设置界面，单击"下一步"按钮，弹出"测试帐户设置"对话框，完成所有测试后，关闭对话框。
- 单击"完成"即可完成 Outlook 帐户的设置，如图 6-21 所示。

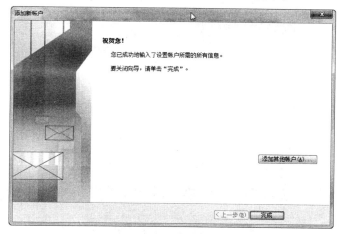

图 6-21　账户设置成功

（2）使用 Microsoft Outlook 2010 发邮件。

操作提示：

- 发送邮件时，首先在主界面上单击"新建电子邮件"，打开"新邮件"对话框，如图 6-22 所示。

图 6-22　新邮件窗口

- 与正常发送邮件一样，输入收件人地址，如果同时给多个人发信，可以将多个人的地址写入收件人文本框内，多个人的地址之间用英文状态下的逗号或分号隔开。
- 单击"附加文件"按钮或选择"插入"菜单下的"附加文件"命令，弹出"插入文件"对话框，选择某一路径下的文件，单击"插入"即可插入附件，如图 6-23 所示。

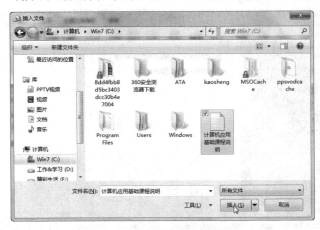

图 6-23　"插入文件"对话框

（3）使用 Microsoft Outlook 2010 收邮件。

操作提示：

- 收信时，单击"发送/接收"菜单下的"发送/接收所有文件夹"按钮，即可接收邮件。单击 Outlook 窗口左侧栏中的"收件箱"按钮，即可查看收件箱中的所有邮件，如同 6-24 所示。
- 单击具体某一邮件，即可阅读信件内容，如同 6-25 所示。

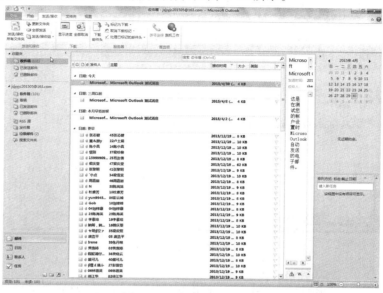

图 6-24　接收和查看邮件

图 6-25　阅读具体某一邮件

（4）回信。

操作提示：

- 在如图 6-25 所示的窗口中，单击工具栏中的"答复"按钮，打开如图 6-26 所示的窗口。
- 在窗口的下半部分即信体部分输入信件内容，单击"发送"按钮即可。

图 6-26　回复邮件

（5）转发。

- 在如图 6-25 所示的窗口中，单击工具栏中的"转发"按钮，打开图 6-27 所示的窗口。

图 6-27　转发邮件

- 在"收件人"文本框内输入收件人的邮箱地址，如张黎明的邮箱地址 zsdawn@126.com。
- 单击"发送"按钮即可。

（6）保存附件。

- 在图 6-28 所示的窗口中，在附件右侧的列表框中右击，在弹出的快捷菜单中选择"另存为"命令，弹出图 6-29 所示的"保存附件"对话框。
- 选择保存位置，输入文件名，选择保存类型，单击"保存"按钮即可。

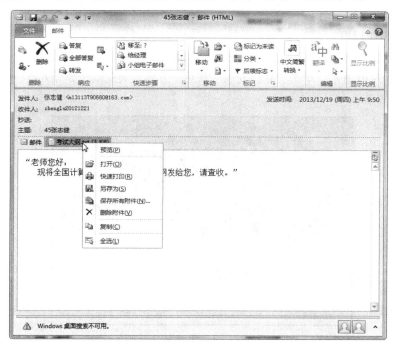

图 6-28　保存附件

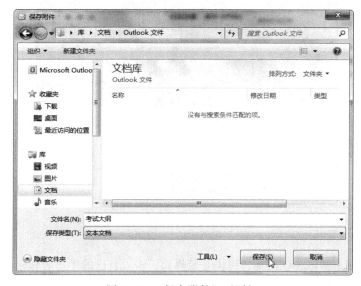

图 6-29　"保存附件"对话框

3. 使用 QQ 聊天工具

QQ 是深圳市腾讯计算机系统有限公司开发的一款基于 Internet 的即时通信（IM）软件。腾讯 QQ 支持在线聊天、视频电话、点对点断点续传文件、共享文件、网络硬盘、自定义面板、QQ 邮箱等多种功能，并可与移动通信终端等多种通信方式相连。

1999 年 2 月，腾讯正式推出第一个即时通信软件——腾讯 QQ。目前，QQ 在线用户已由 1999 年的 2 人（马化腾和张志东）发展到上亿用户，在线人数超过 1 亿，是目前应用最广泛的聊天软件之一。

1）安装腾讯 QQ 软件

首先，登录腾讯软件中心（http://pc.qq.com）下载 QQ 程序，下载完毕后双击安装程序，进入安装界面，如图 6-30 所示，单击"立即安装"按钮，直到安装完成，如图 6-31 所示。注意：也可以自定义选项安装。

图 6-30　安装界面

图 6-31　完成安装

2）登录 QQ

安装完成后，双击腾讯 QQ 图标，弹出登录界面，输入自己的用户名和密码，单击"安全登录"按钮，如图 6-32 所示。

图 6-32　登录界面

3）个人设置

个人设置主要指更换头像以及个人资料、个性签名、个人说明等设置，如图 6-33 所示。

图 6-33　个人设置界面

4）系统设置

系统设置包括基本设置、安全设置和权限设置，如图 6-34 所示。在"基本设置"中可以设置一些基本信息，如"始终保持在其他窗口前端""停靠在桌面边缘时自动隐藏"等，打勾为选中，空白为未选中。在"权限设置"中可以设置其他 QQ 用户对自己操作的权限。

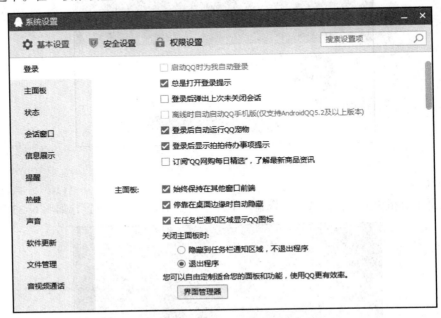

图 6-34　系统设置界面

5）查找好友

单击 QQ 主界面上的"查找"按钮，选择"找人"，输入对方的账号或昵称后单击"查找"按钮，即可根据对方的账号或昵称查找好友。

6）传输和共享文件

在聊天窗口中选择"发送文件/文件夹"向好友发送文件，如图 6-35 所示。等待对方同意接收，连接成功后聊天窗口右上角会出现传送进程，如图 6-36 所示。文件接收完毕后，QQ 会提示打开文件所在的目录。接受文件步骤同上。也可以选择好友头像并右击，在弹出菜单中选择"发送电子邮件"，通过邮件的方式传输文件。

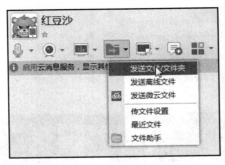

图 6-35　在聊天窗口传送文件

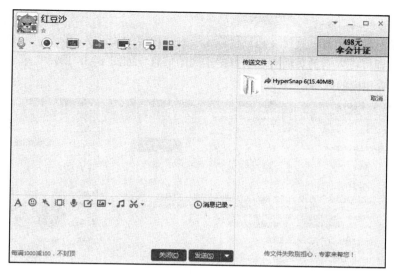

图 6-36　发送文件

7）视频聊天

在聊天窗口工具栏中单击"开始视频通话"按钮即可向好友发起视频聊天请求。对方收到请求并接受后即可进行面对面的交流，如图 6-37 所示。

图 6-37　视频聊天

8）音频聊天

如果只想进行音频聊天，可以在聊天窗口工具栏中单击"开始语音通话"按钮请求音频聊天，等待对方收到请求并接受后即可进行语音聊天。

4．信息检索

要想在浩如烟海的互联网世界中查找到自己所需要的信息，是上网时经常遇到的问题，我们不可能也没有必要知道某类信息所在的所有网站的地址，而是可以借助信息检索的方式查找需要的信息。

1）使用 IE 的搜索功能

IE 提供了信息搜索功能，直接在地址栏输入要查找内容的关键字，例如"一级 MS-Office"，按【Enter】键，即可进入新的页面查看所有搜索到的信息，如图 6-38 所示。单击其中某一个网页标题，即可查看相应的内容。

图 6-38　IE"搜索"功能

2）使用搜索引擎

国内外有许多网站提供了搜索引擎的功能。比较知名的有百度（www.baidu.com）等。使用专业搜索引擎搜索信息，可以更加全面、快捷地查找所需的信息，也可通过其提供的高级搜索功能，缩小检索范围，提高检索效率。以百度为例，详细介绍搜索引擎的使用。

百度根植于博大精深的中文世界，专注于做最优秀的中文搜索引擎。百度蜘蛛（Baidu Spider）每时每刻都会将触角延伸到互联网的各个角落，搜索并收录海量的信息。每天，在你听完一首 MP3 的时候，百度网页库就已经更新了 1 000 000 多个网页，正因如此，百度拥有了目前世界上最大的中文信息库，总量超过 8 亿页以上。

（1）在百度搜索框中输入股票代码、列车车次或飞机航班号，即可直接获取所需要的信息。例如，输入 T255 次列车"T255"，搜索框下就会出现"T255 次列车"，如图 6-39 所示。

图 6-39　搜索列车车次

（2）如果仅知道某个词的发音，却不知如何书写，或嫌某个词拼写输入过于麻烦，百度拼音提示可以解决问题。只要输入查询词的汉语拼音，百度就能把最符合要求的对应汉字提示出来。事实上它是一个无比强大的拼音输入法。例如，输入"taozhe"，拼音提示即显示在搜索结果下方，如图 6-40 所示。

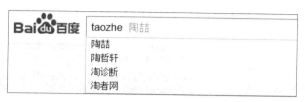

图 6-40　输入拼音搜索

（3）由于汉字输入法的局限性，在搜索时经常会输入一些错别字，导致搜索结果不佳。百度会自动找出与搜索关键字最接近的内容，如图 6-41 所示。

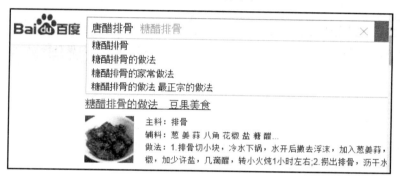

图 6-41　矫正错别字

（4）天气查询。在百度的搜索框中输入要查询的城市名称加上"天气"，即可获取该城市当天及未来几天的天气情况。例如，输入"广州天气"，即可在搜索结果中看到广州今天和未来几天的天气情况。

（5）很多有价值的资料，在互联网上并非是普通的网页，而是以 Word、PowerPoint、PDF 等格式存在。百度支持对 Office 文档（包括 Word、Excel、PowerPoint）、Adobe PDF 文档、RTF 文档等多种文档类型进行全文搜索。如要搜索某类文档，可在查询关键字后加上"filetype:"对文档类型进行限定。"filetype:"可限定以下文件格式：DOC（DOCX）、XLS（XLSX）、PPT（PPTX）、PDF、RTF、ALL 等。其中，ALL 表示搜索所有这些文件类型。

例如：查找搜索引擎方面的 Word 文档，输入"搜索引擎 filetype:doc"，单击结果标题，即可直接下载该文档，也可以单击标题后的"HTML 版"快速查看该文档的网页格式内容。另外，还可以通过百度文库搜索（http://wenku.baidu.com/）直接使用专业文档搜索功能。

（6）百度提供了线上英汉互译词典，任意输入一个英语单词或汉字词语，留意一下搜索框上方多出来的词典提示。例如：搜索"banana"，单击结果页上的"百度词典"链接，即可得到高质量的翻译结果，如图 6-42 所示。

百度的线上词典不但能翻译普通的英语单词、词组、汉字词语，还可以翻译常见的成语。

（7）百度百科。百度百科是一部开放的百科全书，每个人都可以自由访问并参与撰写和编辑，分享及奉献自己所掌握的知识，共同编写一部完整的百科全书，并使其不断更新完善。

　　登录"baike.baidu.com"，即可进入百度百科页面，如图 6-43 所示。使用该页面的搜索框，即可在百科内部进行相关知识搜索。如果没有出现相关词条，或对原有解释不满意，可以自主创建词条，也可以对原有的词条解释进行修改、编辑。百度百科面向所有网友免费开放，浏览或搜索词条，无须注册账号，添加或编辑词条，则须注册百度账号。

图 6-42　百度词典

图 6-43　百度百科

参 考 文 献

[1] 教育部考试中心. 全国计算机等级考试一级教程：计算机基础及 MS Office 应用（2015年版）[M]. 北京：高等教育出版社，2014.

[2] 罗显松. 计算机应用基础[M]. 2 版. 北京：清华大学出版社，2012.

[3] 黄林国. 计算机应用基础项目化教程（Windows 7＋Office 2010）[M]. 北京：清华大学出版社，2013.

[4] 许晞，等. 计算机应用基础[M]. 3 版. 北京：高等教育出版社，2013.

[5] 辛宇，等. Windows 7 操作系统完全学习手册[M]. 北京：科学出版社，2012.

[6] 郑德庆. 计算机应用基础[M]. 3 版. 北京：中国铁道出版社，2011.

[7] 朱敏，等. 计算机应用实务[M]. 2 版. 北京：电子工业出版社，2012.

[8] 曹敏，余胜泉. 计算机应用基础（基础模块）[M]. 北京：北京理工大学出版社，2009.

[9] 刘升贵，等. 计算机应用基础[M]. 北京：机械工业出版社，2010.

[10] 耿增民，孙思云. 计算机硬件技术基础[M]. 2 版. 北京：人民邮电出版社，2012.